设计中的比例密码

杨文英——编著

# 建筑与室内设计

U0230556

化学工业出版社

·北京·

## 内容简介

本书分为比例原理和比例设计技巧两个章节，涉及14个比例原理以及不同的设计技巧，令读者在欣赏著名建筑的同时，可以将大师的比例设计手法运用到自己的方案之中，以打开设计思路，提升设计作品的水准。

本书适合环境艺术设计、建筑设计专业的在校生，以及室内设计师、建筑设计师使用，也适合对建筑艺术感兴趣的读者作为休闲读物阅读。

**图书在版编目（CIP）数据**

设计中的比例密码：建筑与室内设计 / 杨文英编著. —北京：化学工业出版社，2024.7
ISBN 978-7-122-45503-1

Ⅰ.①设…　Ⅱ.①杨…　Ⅲ.①室内装饰设计　Ⅳ.①TU238.2

中国国家版本馆CIP数据核字（2024）第082434号

---

责任编辑：王　斌　吕梦瑶　　　　　文字编辑：冯国庆
责任校对：李　爽　　　　　　　　　装帧设计：韩　飞

---

出版发行：化学工业出版社
　　　　　（北京市东城区青年湖南街13号　邮政编码100011）
印　　　装：北京宝隆世纪印刷有限公司
880mm×1230mm　1/20　印张11　字数300千字
2024年8月北京第1版第1次印刷

---

购书咨询：010-64518888　　　　　　售后服务：010-64518899
网　　址：http://www.cip.com.cn
凡购买本书，如有缺损质量问题，本社销售中心负责调换。

---

定　　价：78.00元　　　　　　　　版权所有　违者必究

建筑是人类重要的创造之一，它不仅具有居住、办公等功能，而且具有文化含义和历史意义。其发展也与人类的进步息息相关，每个建筑的背后都有着当代的艺术背景以及设计师的巧思。而在这些形态各异的建筑当中，长宽高的比例、凹与凸的比例、虚与实的比例等都直接影响到建筑美。在这些或有文化意义或为大师作品的著名建筑中，其比例的设计和运用是从事设计行业人士潜心研究的方向，希望能够从中汲取设计上的经验，将这些经验消化、吸收并运用在室内设计当中。

本书以中西方著名建筑的比例分析为线索，深入剖析了著名建筑中的比例规律，帮助读者迅速领悟著名建筑中蕴含的比例设计技巧。本书第一章为比例原理，将著名建筑中应用非常广泛的 14 个比例原理进行总结，详细讲解其起源和常见的运用方式，为读者提供大量的比例参考以激发设计灵感。第二章则通过实际的著名建筑案例来解析其中蕴含的各种比例，通过讲解该比例在建筑和室内空间中的运用，帮助读者快速地领悟到比例的运用规律，以及掌握比例之间的搭配规律等更深层次的设计技法。从实际案例出发，帮助读者掌握比例密码，更加灵活地运用比例来营造空间。

# 第一章　比例原理

# 第二章　比例设计技巧

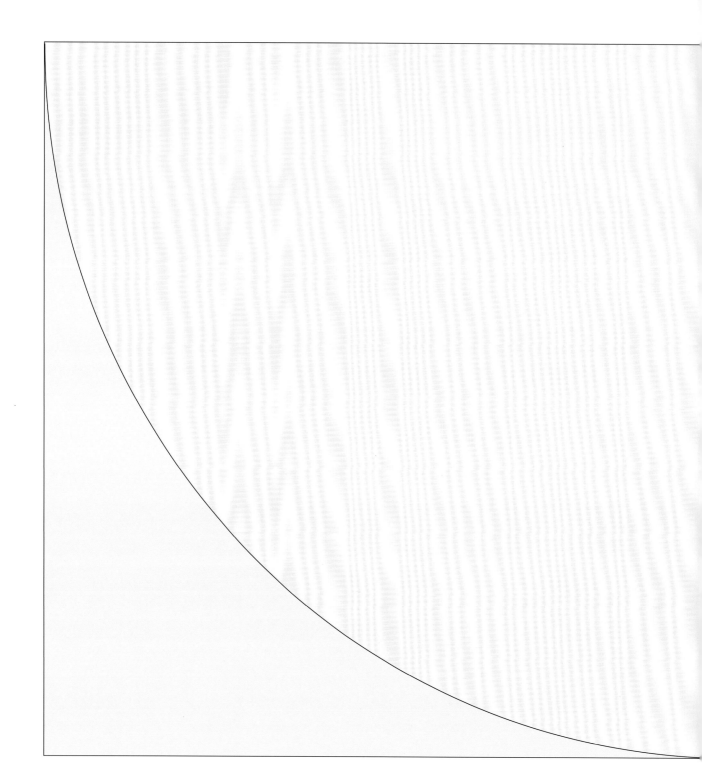

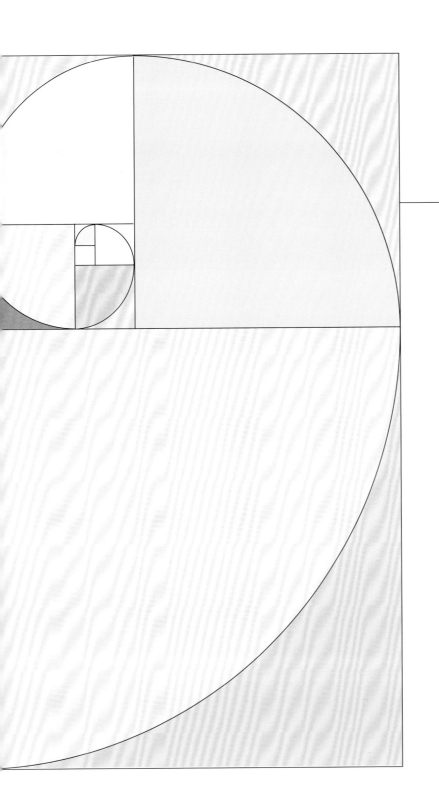

# 1

## 第一章

# 比例原理

# 1. 黄金分割比

"一条线段被分割时，当整条线段的长度与较大的那段之间的比，等于较大的那段与较小的那段之间的比，则称为这条线段被中末比分割。"

——《几何原本》欧几里得

这是当时学者对于黄金分割比的描述，转换成现代数学的方式进行理解，将一条线段的头尾两点设为 $A$ 点和 $B$ 点，然后在线段中设置 $C$ 点，较长的 $AC$ 段与整条线段 $AB$ 的比值和较短的 $CB$ 段与较长的 $AC$ 段的比值相同，这个比值就是黄金分割比例，而 $C$ 点就是黄金分割点。该数值表示为（$\sqrt{5}-1$）∶2，近似值为 0.618。

$$A \qquad\qquad C \qquad\qquad B \qquad \frac{AC}{AB} = \frac{CB}{AC}$$

黄金分割数值（保留到小数点后 5 位）为 0.61803

在不使用准确数字的情况下，可以借助三角形的方式，精准地找出线段的黄金分割点。

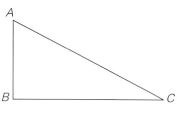

选取线段 $BC$，过 $B$ 点，做 $AB$ 垂直于 $BC$，且 $AB$ 的长度为 $BC$ 长度的一半，连接 $AC$

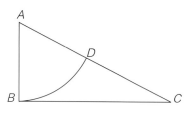

以 $A$ 点为圆心，$AB$ 为半径画弧，与斜边 $AC$ 相交于 $D$ 点。$D$ 点即为线段 $AC$ 的黄金分割点

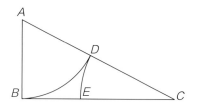

以 $C$ 点为圆心，$CD$ 为半径画弧，与直角边 $BC$ 相交于 $E$ 点。$E$ 点即为线段 $BC$ 的黄金分割点

## 2 黄金分割矩形

对于黄金分割矩形，可以在一个正方形的基础上按照黄金分割比的比例关系绘制出来，也可以与黄金分割线一样，从直角三角形中绘制出来。黄金分割矩形实际就是长宽比约为1∶0.618的矩形，能够给画面带来美感和愉悦感，这在大自然或者艺术品中都能找到。

△《斗牛20》是由画家戈雅创作的，其画作结构与黄金分割比例接近，画中的对角线正好与斗牛士腾空角度一致，它穿过斗牛士的头部、肩部和腿部，并穿过公牛的后腿，而且垂直的竖杆正好位于黄金分割矩形的边线的左侧，斗牛士的头部也位于最小的黄金分割矩形内

▽ 鳟鱼鱼身正好可以分成三个黄金分割矩形，鱼眼正好位于竖向黄金分割矩形的黄金分割点上，尾鳍部分也可以视为一个横向黄金分割矩形

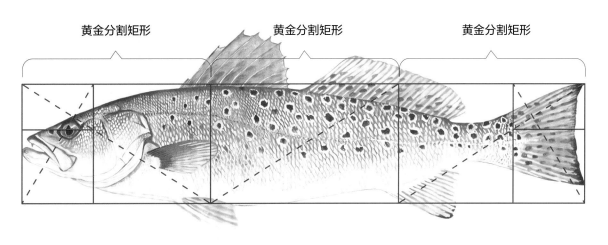

黄金分割矩形　　　　黄金分割矩形　　　　黄金分割矩形

## ■ 用正方形绘制黄金分割矩形

**❶**

先画一个正方形。

**❷**

以正方形一边的中点 $A$ 为圆心，$\angle A$ 的对角为 $\angle B$，以 $AB$ 为半径画弧，与 $A$ 点所在直线的延长线交于 $C$ 点，根据 $C$ 点的位置画出一个较小的矩形，较小的矩形和正方形组合成一个黄金分割矩形。

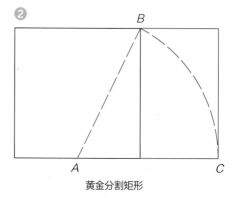

黄金分割矩形

**❸**

连接黄金分割矩形和竖向黄金分割矩形的对角线，可以发现它们互相垂直。

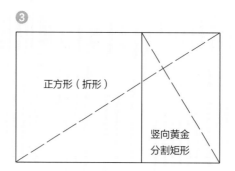

## ■ 用直角三角形绘制黄金分割矩形

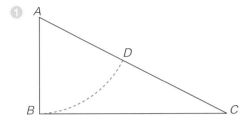

先绘制一个直角边长度比为 1∶2 的直角三角形，以 $A$ 点为圆心，$AB$ 为半径画弧，与斜边 $AC$ 相交于 $D$ 点。

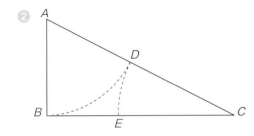

以 $C$ 点为圆心，$CD$ 为半径画弧，与直角边 $BC$ 相交于 $E$ 点。

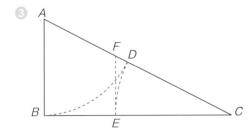

过 $E$ 点做 $BC$ 的垂直线，与斜边 $AC$ 相交于 $F$ 点。

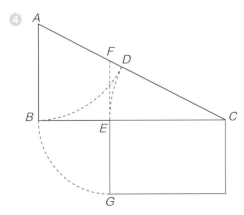

以 $E$ 点为圆心，$BE$ 为半径画弧，与垂线 $EF$ 的延长线相交于 $G$ 点，以 $EG$、$EC$ 为矩形的宽和长，即可画出黄金分割矩形。

第一章　比例原理

# 3 色彩中的黄金分割比

除了线段上的黄金分割比外，配色上也有黄金分割比。对于配色而言，不管是立体的雕塑、平面的设计还是室内家居空间，对色彩的面积比例都有一个参照。配色的面积可以参考黄金分割矩形中每个正方形的大小，每两个或者多个颜色都可以采用这些面积进行搭配。

## ■ 双色中的配色面积参考

若空间中出现两种颜色，设紫色为主色，橙色为辅色，可以参考如图所示的配色比例。

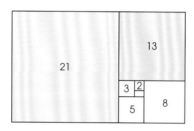

△ 配色面积 21∶13

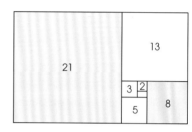

△ 配色面积 21∶8

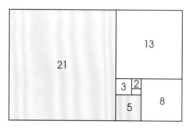

△ 配色面积 21∶5

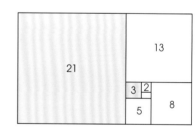

△ 配色面积 21∶3

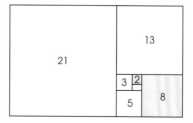

△ 配色面积 8∶2

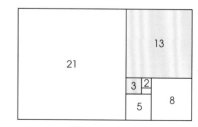

△ 配色面积 13∶5

## ■ 多色中的配色面积参考

　　若空间中出现多种色相，也可以参考其中的配比关系，不过实际应用的时候，需要灵活掌握，比如很多色彩的面积不是非要集中在一起体现，分散后合并的面积与比例差别不大。或者是一些需要重点突出的位置可以适当增强，或者点缀的面积适当减少，如此能让画面更加和谐。

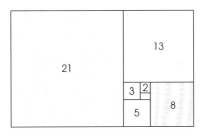

△ 配色面积 21：8：3

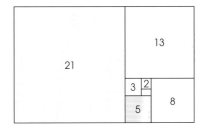

△ 配色面积 21：13：5

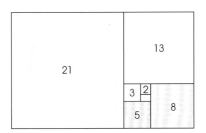

△ 配色面积 21：8：5：2

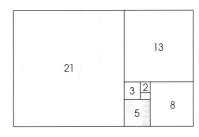

△ 配色面积 21：13：5：3

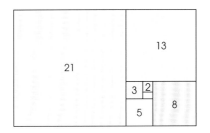

△ 配色面积 21：13：8：3：2

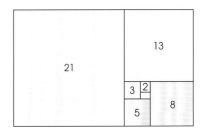

△ 配色面积 21：13：8：5：3：2

# 4 黄金螺旋线

　　黄金螺旋线是由黄金分割矩形衍化而来的，两者互相联系。同时黄金分割矩形与斐波那契数列相契合，因此，黄金螺旋线又被称为斐波那契螺旋线。这种螺旋线可以用在旋转楼梯或者强调视觉重心的位置，让设计更加具有独特的风格和美感。

## ■ 黄金螺旋线的绘制

　　❶ 黄金分割矩形具有特殊的可分解属性，一个黄金分割矩形可以被分成一个正方形和一个较小的竖向黄金分割矩形。

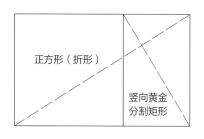

　　❷ 然后继续分解这个较小的黄金分割矩形，可以继续得到一个正方形和一个更小的竖向黄金分割矩形。

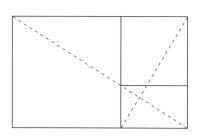

　　❸ 因此，黄金分割矩形具有持续分解的属性，最后被多次分割的矩形可得到如右侧所示图形。

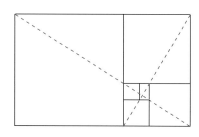

❹ 斐波那契数列依次为 1，1，2，3，5，8，13，21，34，55…这些数字中，以 5~55 为例，黄金分割矩形中的最大正方形面积若设为 55，则每个小正方形的面积都与数列中的数据相吻合，侧面印证了黄金分割矩形与斐波那契数列相合。

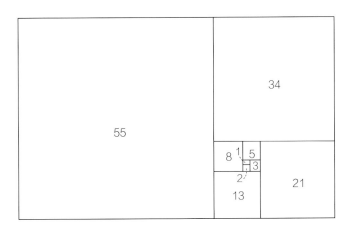

❺ 最后使用持续分解得到的正方形为半径画弧线，并连接每段弧线，即可得到黄金螺旋线。

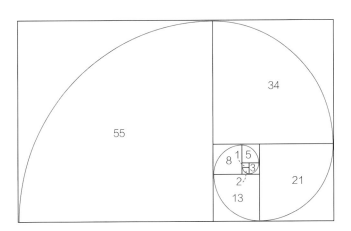

拓展知识

对于黄金分割，其持续分割的方式不仅可以用在矩形上，而且可以用于圆形、正方形、五角星形以及三角形中。圆形和正方形中的黄金分割比例都可以用边长比为 1：2 的直角三角形绘制出来。而黄金分割三角形必须是内角分别为 36°、72°、72° 的等腰三角形，才可进行持续分解。

❻ 持续分解黄金分割矩形后所产生的正方形互相间也符合黄金比例，这种等比数列的关系若用在设计上，也能产生极好的装饰效果。

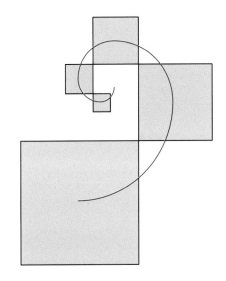

## ■ 圆形中的黄金分割比

❶ 以 A 点为圆心，AB 直角边为半径画弧线，与斜边交于 D 点；以 C 点为圆心，CD 为半径画弧线，与 BC 交于 E 点，过 E 点做 BC 的垂直线，交斜边于 F 点。

❷ 以 F 点为圆心，EF 为半径画弧线，交斜边于 G 点；以 C 点为圆心，CG 为半径画弧线，与 BC 交于 H 点，过 H 点做 BC 的垂直线，交斜边于 I 点。

❸ 重复以上步骤，得到 BC 被分割成黄金比例的三角形。

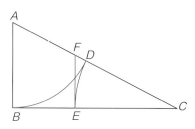

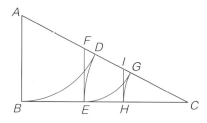

❹ 最后以 C 点为圆心，分别以 BC 上的各个距离为直径，最终即可得到被不停黄金分割的圆形。

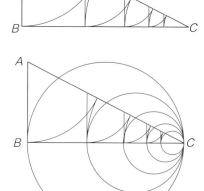

## ■ 正方形中的黄金分割比

与圆形的绘制方法相似，在得到被分解的三角形后，以 BC 为正方形的对角线，依次得到多个正方形，最后即可得到多个具有黄金比例的正方形。

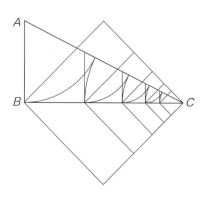

## ■ 五角星形的黄金分割比

❶ 连接正五边形的五个顶点即可得到五角星形，在其中央则为另一个小正五边形。

❷ 再用五边形的边长扩充画出正五边形，这个正五边形的边要与原正五边形的两条边在同一条直线上。在新正五边形的内部连接五个顶点，又能得到一个新的五边形的边长。

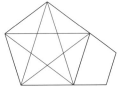

❸ 重复扩充正五边形并画五角星，即可得到具有黄金分割比的五角星形。

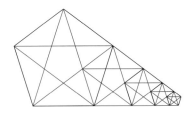

## ■ 三角形的黄金分割比

❶ 能够重复被分解的黄金分割三角形必须为三个内角为 36°、72° 和 72° 的等腰三角形。在一个 72°内角（∠B）处，用线分为均等的 36°，延长交 AC 于 D 点，连接即可得到一个同样内角的等腰三角形 BCD 和一个长边的等腰三角形 ABD。

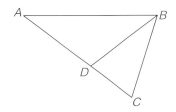

❷ 再将 ∠C 均分为 36°，并交 BD 于 E 点，连接。

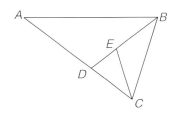

❸ 不断重复以上步骤，即可得到一个不断被分解的黄金分割三角形。以长边等腰三角形的顶点 D 为圆心，DA 为半径画弧线，以此类推，重复在每个长边等腰三角形处画弧线，即可得到一条螺旋线。

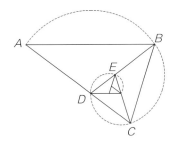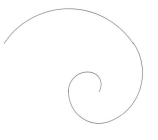

## 5 黄金分割动态矩形

　　黄金分割矩形具有无限分解和视觉平衡的特点，可以对黄金分割矩形采用一些辅助线对其进行分割构图，能够得到不同的网状形式。从多个角度进行变化应用，使用水平或垂直的辅助线，可以呈现出变化丰富、和谐完美的构图效果。这种变化多样的黄金分割矩形被称为黄金分割动态矩形。下面以一个黄金分割动态矩形为例，展示其中的一种变化。

### ■ 黄金分割动态矩形的绘制

　　❶ 画出一个边长比为 $\sqrt{2}$ ：1 的矩形 ABDC，利用黄金分割线 EF 将其分割为两个矩形，用虚线画出其中两个矩形（即矩形 ABDC 和矩形 AEFC）的对角线。

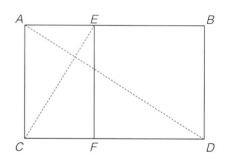

　　❷ 在矩形 AEFC 中，黄金分割线为 GH，以 AC 中线做镜像，即可得到矩形中的另一条黄金分割线 G′H′。

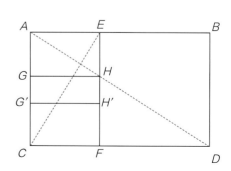

设计中的比例密码：建筑与室内设计

❸ 画出矩形 *AEHG* 的黄金分割线，与 *CE* 相交，并延长至 *G′H′*，同时，将矩形 *G′H′FC* 的黄金分割线做同样的处理，即可得到一个有规律的分割矩形。

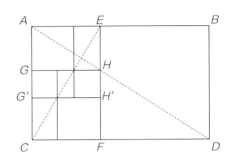

❹ 连接 *A*、*B*、*C*、*D* 四个点对应的所有角点，即可得到黄金分割动态矩形。

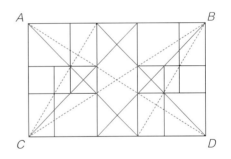

❺ 将矩形 *AEFC*（包括其中的所有黄金分割线以及对角线），以 *AB* 中线做镜像，得到一个中轴对称的图形。

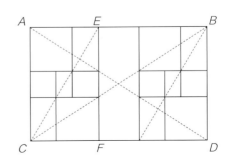

## ■ 黄金动态分割矩形举例

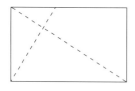 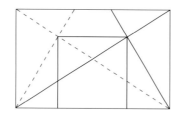 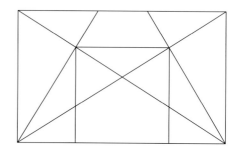

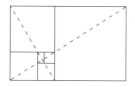 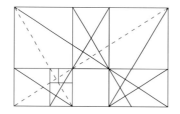 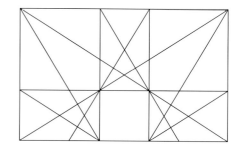

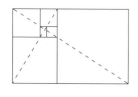 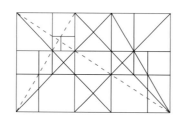 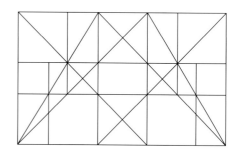

   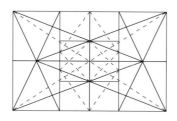 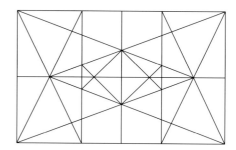

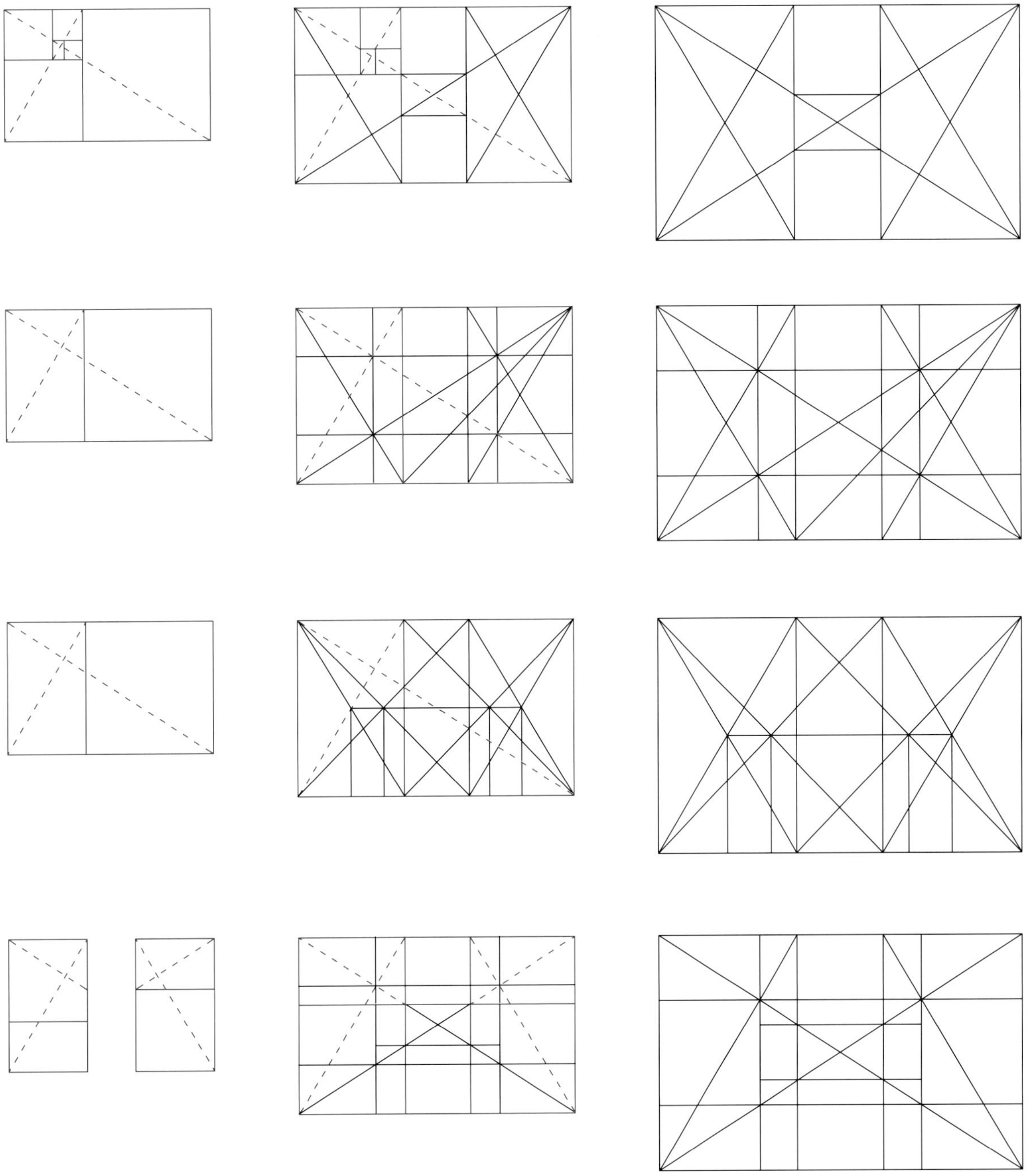

# 2. $\sqrt{2}$

**$\sqrt{2}$ 矩形**

与 $\sqrt{2}$ 相关的比例经常用于建筑，无论是西方建筑还是中国建筑都有应用，如佛光寺东大殿就存在着 $\sqrt{2}$ 比例关系。$\sqrt{2}$ 比例是正方形和圆形之间最基本的比例关系之一，$\sqrt{2}$ 是无理数，不像有理数一样只凭测量就能准确地找到其长度范围，在西方通常采用几何作图法，而在中国也有类似的方法，名为方圆作图法，正方形的边长与其外接圆直径（即该正方形对角线长）之比为 $1:\sqrt{2}$。其原理几乎是相同的，都是在一个单位的正方形的基础上进行作图。

■ **方圆作图法绘制的 $\sqrt{2}$ 构图比例**

❶ 在中国古代建筑著作《营造法式》中，提到过"圆方圆"和"方圆圆"，这两种图形都与 $\sqrt{2}$ 的比例有关，其中"圆方圆"中正方形的边长与圆的直径比为 $1:\sqrt{2}$，"方圆圆"中正方形的边长与圆的直径比为 $\sqrt{2}:1$。

❷ 在方圆圆的基础上，以正方形的对角线为半径画弧线，可与正方形两条边的延长线相交，两点连接，即可得到 $\sqrt{2}$ 的构图比例。

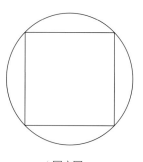

△圆方圆

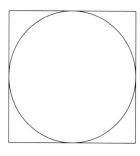

△方圆圆

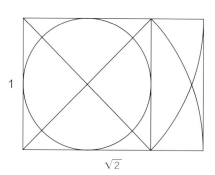

$\sqrt{2}$

## 2 √2 矩形的分解

### ■ 几何作图法绘制√2矩形

❶ 绘制一个正方形。

❷ 在正方形内画对角线，并以对角线为半径画弧线，相交于底边的延长线。

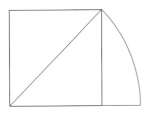

❸ 将图形按照矩形的形状闭合后，就是一个√2矩形。

用中线将√2矩形一分为二，可以得到两个较小的√2矩形，再将其中一个小矩形一分为二，又能得到两个更小的√2矩形。重复细分下去，可以分解成无限个√2的矩形，根据分解矩形的选择不同，可以得到两种不同的√2矩形。

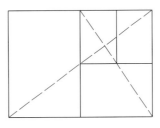

△重复分解的√2矩形

其中一个√2矩形的分解方式与黄金分割矩形的分解方式相似，将√2矩形的对角线连接起来，就可以绘制出一个√2递减螺旋线。

另一个√2矩形则呈现出一系列减少的等比例的√2矩形。这种特殊的性质使得这种分解形式的√2矩形成为德国工业标准纸张的尺寸体系。达到了每对折一次就能得到同等比例但面积为1/2矩形的效果，折叠四次即可得到四印刷面或八印刷面，简单快捷，更能最大限度地利用纸张，防止浪费。

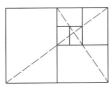

△√2矩形

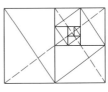

△√2递减螺旋线

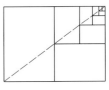

△√2矩形的纸张系统

$\sqrt{2}$ 矩形也具有无限分解的特性，同时可以形成与原始比例相同的矩形，与黄金分割矩形一样也可以采取恰当的分解步骤，通过绘制对角线，随后绘制与矩形边线和对角线相交的平行线和垂直线，形成独特的网状构图，就可以让 $\sqrt{2}$ 矩形具有韵律感的构图形式。因其组合方式很多，下面举例剖析整个构图过程。

### ■ $\sqrt{2}$ 动态矩形的绘制

❶ 画一个 $\sqrt{2}$ 矩形 *ABDC*。

❷ 连接两条对角线，*AD* 和 *BC*。

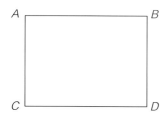

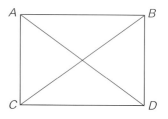

❸ 找到两条长边 *AB* 和 *CD* 的中点 *E* 和 *F*，分别连接对面的两个顶点，得到 *AF*、*BF*、*CE* 及 *DE* 四条线，且这四条线与对角线分别相交于四个点。

❹ 连接四个点成为一个小矩形，并延长小矩形的四条边至大矩形的四边，即可发现，线段三等均分了大矩形，形成九个等大的 $\sqrt{2}$ 矩形。

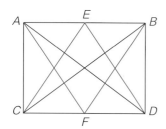

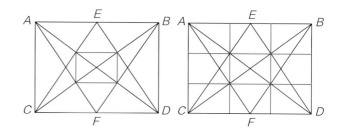

# ■ √2 动态矩形的举例

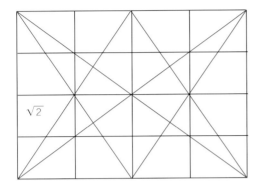

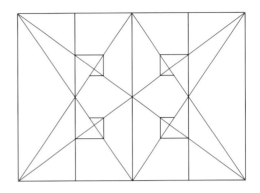

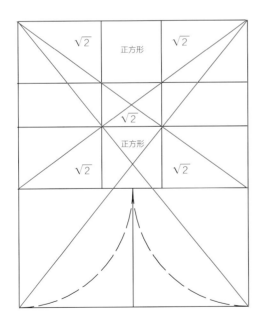

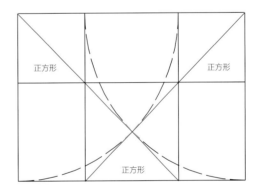

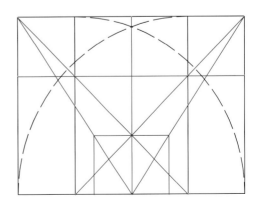

# 3. $\sqrt{3}$

$\sqrt{3}$ 矩形和 $\sqrt{2}$ 矩形一样，都可以分解为相似属性的矩形，只不过其分解方式与 $\sqrt{2}$ 矩形相比还是会略有区别，主要从水平方向或垂直方向进行分解。

## ■ $\sqrt{3}$ 矩形的绘制

❶ 画一个 $\sqrt{2}$ 矩形。

❷ 在 $\sqrt{2}$ 矩形内画对角线，以矩形顶点为圆心，对角线为半径画弧线，与矩形的延长线相交。

❸ 在相交处按照矩形的形状闭合后，即可得到一个 $\sqrt{3}$ 矩形。

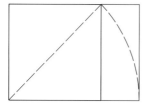
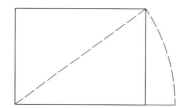
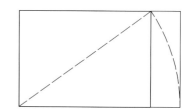

## ■ $\sqrt{3}$ 矩形的分解

根据平方根矩形等分律，$\sqrt{3}$ 矩形可以分解成三个较小的 $\sqrt{3}$ 矩形，再将其中一个小矩形三等分，就可得到三个更小的 $\sqrt{3}$ 矩形，持续这个步骤就可以得到无数个 $\sqrt{3}$ 矩形。

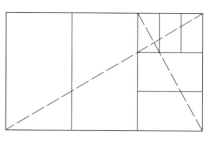

△$\sqrt{3}$ 矩形的分解

# 2 平方根矩形等分律

在比例理论中，有一个平方根矩形等分律，可以说适合所有的不通约矩形，当矩形比率等于（或接近等于）$\sqrt{n}$ 的时候，若把 $\sqrt{n}$ 矩形分成 $n$ 等分（$n$ 为整数），就可以得到与原矩形相同比例的 $n$ 个矩形。因此，可得出结论，比率为 $\sqrt{n}$ 的不通约矩形经过纵向分为 $n$ 等分后，所得出新的 $n$ 个矩形的比例不变，仍为 $\sqrt{n}$。其原理是因为，$\sqrt{n}$ 除以 $n$ 后，其倒数仍旧等于 $\sqrt{n}$。这种平方根矩形经过分割，其比例依旧不变的规律为平方根矩形等分律，也称为 $\sqrt{n}$ 矩形等分律。

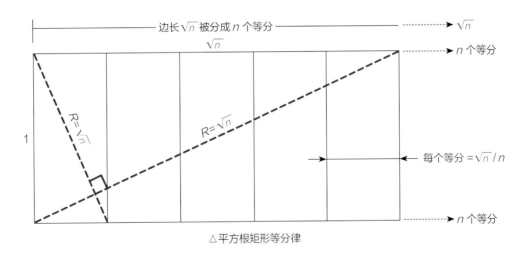

△平方根矩形等分律

不通约 $\sqrt{n}$ 矩形等分律在各种矩形上的分割数值如下。

| 矩形比例 | 比率 | 分割方式 | 分割后的比率 | 面积 |
|---|---|---|---|---|
| $\sqrt{2}$ | 1.414… | 二等分 | $\sqrt{2}$ | 50% |
| $\sqrt{3}$ | 1.732… | 三等分 | $\sqrt{3}$ | 33% |
| $\sqrt{5}$ | 2.236… | 五等分 | $\sqrt{5}$ | 20% |
| $\sqrt{6}$ | 2.449… | 六等分 | $\sqrt{6}$ | 17% |
| $\sqrt{7}$ | 2.646… | 七等分 | $\sqrt{7}$ | 14% |
| 当比率大于 7 时，可分为两个矩形进行分析 | | | | |

# 4. √5 及 √6

√5 矩形与前面的 √2 和 √3 矩形一样，具有无限分解的能力。但是其绘制方式有两种，除了在 √4 矩形的基础上做参考线进行绘制外，还可以从正方形上进行绘制。

■ √5 矩形的绘制方法 1

❶ 首先绘制一个 √4 矩形。

❷ 在 √4 矩形内画对角线，以对角线为半径画弧线，相交于底边的延长线上。

❸ 将图形按照矩形的形状闭合后，即可得到 √5 矩形。

■ √5 矩形的绘制方法 2

❶ 首先绘制一个正方形。

❷ 取正方形底边的中点，以中点为圆心，中点到顶角的距离为半径画弧线，与底边的延长线分别交于两点。

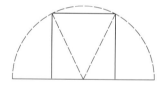

❸ 底边的两个延长线分别闭合为两个小矩形，所绘制的最大的矩形即为 √5 矩形。同时，中间的正方形和两个小矩形分别形成了两个黄金分割矩形。

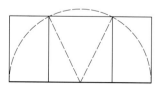

### ■ √5 矩形的分解

　　将√5矩形纵向五等分，可以分
成五个较小的√5矩形，再将这五部
分分别横向五等分就可以得到更多
较小的√5矩形，如此不断地重复下
去，即可得到无限个√5矩形。

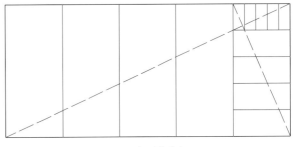

△√5矩形的分解

## 2  √6 矩形

　　√6矩形的绘制方法与其他不通约矩形的绘制方法大致相同，可以在√6矩形的基础
上进行绘制。同时其分解出来的形态也与不通约矩形的形态极为相似，其原理都是平方根
等分律的应用。

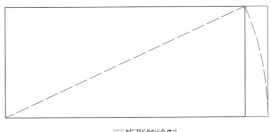

△√6矩形的绘制

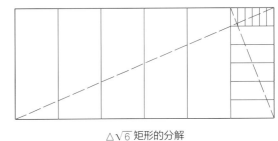

△√6矩形的分解

# 5. √7

　　√7 矩形也是根据几何作图法绘制的，在√6 矩形的基础上以对角线为半径画弧线，补充好整个矩形后，即可得到√7 矩形。再应用平方根等分律，将√7 矩形等分为 7 份，即可无限分解√7 矩形。

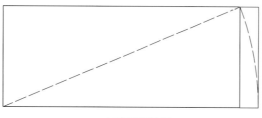

△√7 矩形的绘制

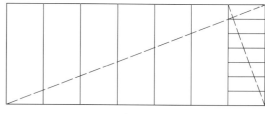

△√7 矩形的分解

## 2  不同矩形的比较

　　不同的根号矩形都可以从正方形上绘制出来，将多个矩形放在一起比较，能够更加清晰地看出其中的差别和对比。

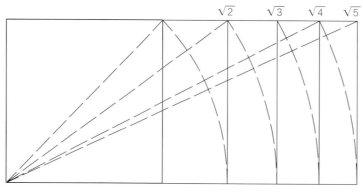

△不同根号矩形的对比

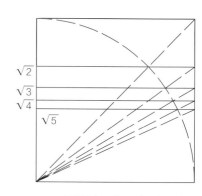

△不同根号矩形与正方形的对比

# ③ 矩形的分隔方式

比例的效果是在分隔与组合的过程中产生的，所以分隔方式及其组合形式也显得尤为重要。和其他形状相比，矩形的分隔和组合颇具代表性，也更加适用于建筑或者室内中，有着明显的规律，方便设计师参考。

## ■ 矩形内分法

在矩形 ACDF 中，连接矩形 ACDF 的对角线 FC，过 A 点做与 FC 垂直的直线，与 FD 相交于 E 点，AF 为新矩形的长边。如此得到的矩形 ABEF 和矩形 ACDF 呈现出相同的比例，达到在矩形 ACDF 中分隔出一个次生的相似矩形的目的，这种方法就叫内分法，内分法有助于调控比例的设计。

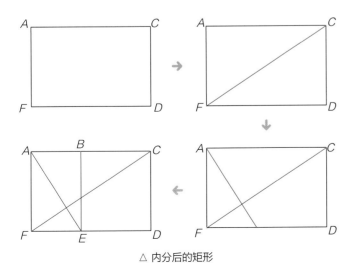

△ 内分后的矩形

## ■ 矩形外分法

画一个矩形 BCDE，在其外侧，以短边 BE 作为另一个矩形的长边，延伸出一个与矩形 BCDE 相似的矩形，也就是矩形 ABEF，这种方式称为矩形的外分法。采用外分法时，应先连接矩形 BCDE 的对角线 CE，过 E 点做 CE 的垂直线，与 CB 的延长线交于 A 点，再补充为一个完整的矩形，如此就能得到两个长宽比例相同的矩形。

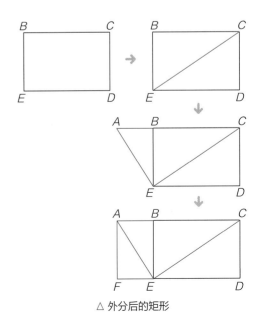

△ 外分后的矩形

## ■ 矩形的内－外混分法

综合矩形的内分法和外分法，将其同时使用，即为内－外混分法。矩形 ABEF 是矩形 BCDE 的外分矩形，矩形 GCDH 是矩形 BCDE 的内分矩形。

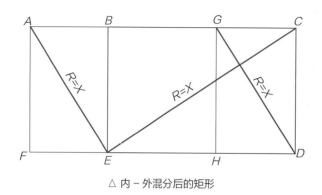

△ 内－外混分后的矩形

## ■ 矩形 T 字及双 T 字内分法

在任意矩形当中，可以采取 T 字形的方式对矩形进行分隔，其中被分隔的距离可以根据实际需求决定。比如，用于书柜，可以根据常见的书本尺寸来确定被分隔出来的小矩形的高度。除了单 T 字内分法外，在尺寸较大的矩形中可以使用双 T 字内分法的形式，是常见的分隔形式之一。

## ■ 矩形十字及双十字内分法

十字内分法在日常生活中十分常见，可以随意用于任何矩形当中。双十字内分法在窗户当中经常使用，其他适用的场景也很多。

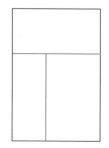

△ T 字内分的矩形

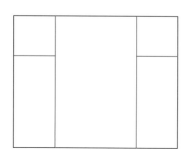

△ 双 T 字内分的矩形

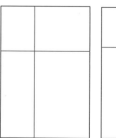

△十字内分的矩形

△双十字内分的矩形

## 矩形 H 形内分法

这种分隔方式在矩形中呈现出 H 的形状，使矩形显得更加瘦长。

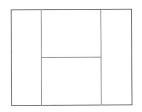

△ H 形内分的矩形

## 矩形井字内分法

井字内分法中间最宽，两侧的距离相等，分隔出多种大小的矩形，让矩形内部更加丰富。

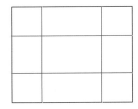

△ 井字内分的矩形

## 矩形的双边等分法

矩形在长边 $A$ 和短边 $B$ 上同时平均划分为 $n$ 段，$A$ 的 $1/n$ 和 $B$ 的 $1/n$ 组成 $n×n$ 个小矩形。这些小矩形的长宽比仍为 $A:B$，所以彼此为相似形，而且也与大矩形相似。例如一个矩形，长边为 15，短边为 9，长边与短边同时等分为三段，形成 9 个小矩形，每个小矩形的长宽比都为 5:3，与原有矩形的长宽比 15:9（即 5:3）相同。"双边等分法"是获得匀称比例的最简单的方法。

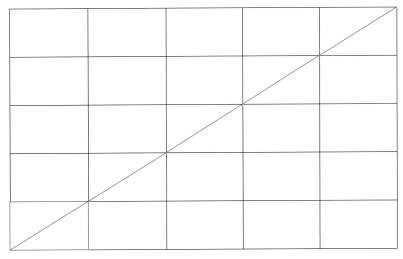

△ 双边等分的矩形

拓展知识

# ■ $\sqrt{2}$ 矩形的多种分隔举例

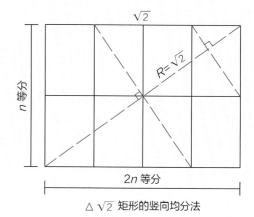

△ $\sqrt{2}$ 矩形的竖向均分法

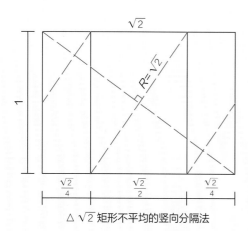

△ $\sqrt{2}$ 矩形的横向均分法

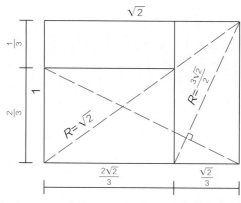

△ $\sqrt{2}$ 矩形的 T 字分隔，包括竖向的矩形变换

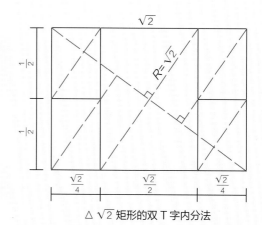

△ $\sqrt{2}$ 矩形不平均的竖向分隔法

△ $\sqrt{2}$ 矩形的双 T 字内分法

设计中的比例密码：建筑与室内设计

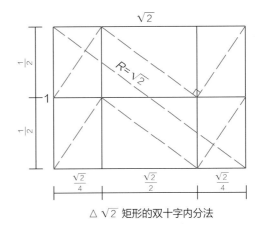

$$\triangle \sqrt{2}$$ 矩形的双十字内分法

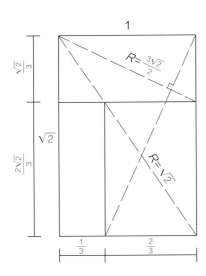

$$\triangle \sqrt{2}$$ 矩形的 T 字内分，包括竖向的矩形变换

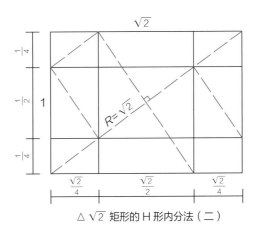

$$\triangle \sqrt{2}$$ 矩形的 H 形内分法（一）

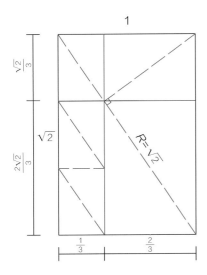

$$\triangle \sqrt{2}$$ 矩形的十字内分法

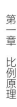

$$\triangle \sqrt{2}$$ 矩形的 H 形内分法（二）

## ■ √3 矩形的多种分隔举例

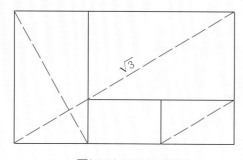

△ √3 矩形大小不同的分隔法

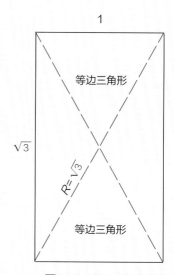

△ √3 矩形中等边三角形分隔法

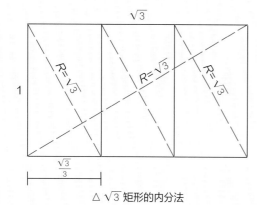

△ √3 矩形的内分法

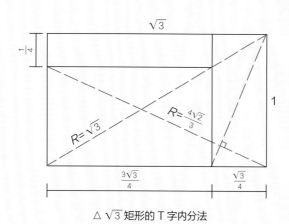

△ √3 矩形的 T 字内分法

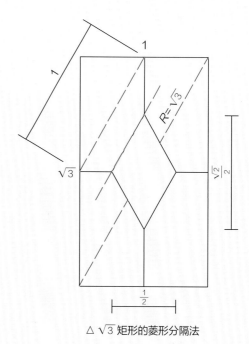

△ √3 矩形的菱形分隔法

设计中的比例密码：建筑与室内设计

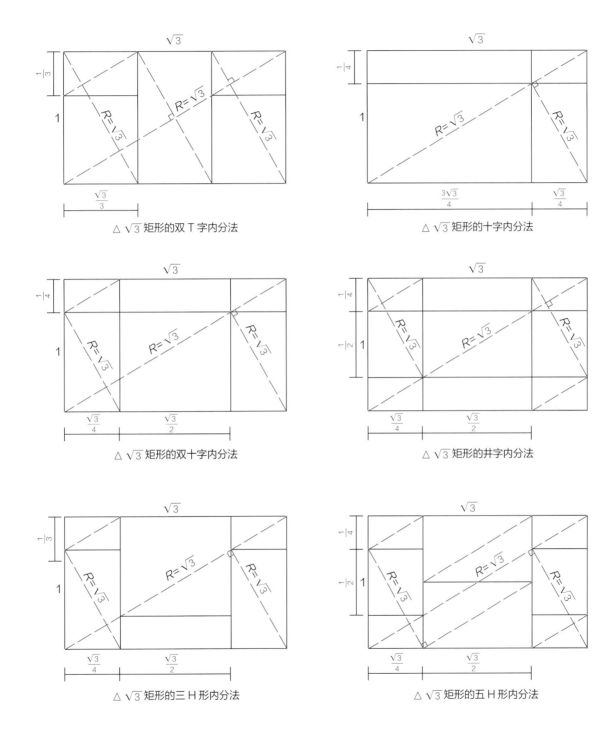

△√3 矩形的双 T 字内分法　　　　　　　　　　　　△√3 矩形的十字内分法

△√3 矩形的双十字内分法　　　　　　　　　　　　△√3 矩形的井字内分法

△√3 矩形的三 H 形内分法　　　　　　　　　　　　△√3 矩形的五 H 形内分法

## ■ 黄金分割矩形的多种分隔举例

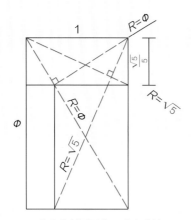

△ 黄金分割矩形的 T 字内分法

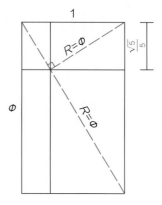

△ 黄金分割矩形的竖向十字内分法

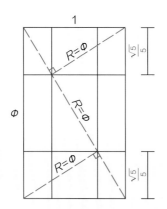

△ 黄金分割矩形的井字内分法

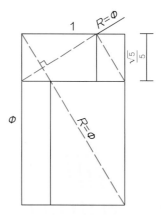

△ 黄金分割矩形的双 T 字内分法

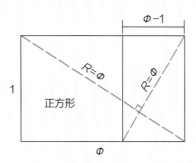

△ 黄金分割矩形的不对称内分法

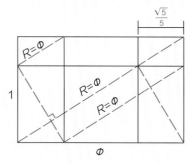

△ 黄金分割矩形的双十字内分法

## ■ √5 矩形的分隔举例

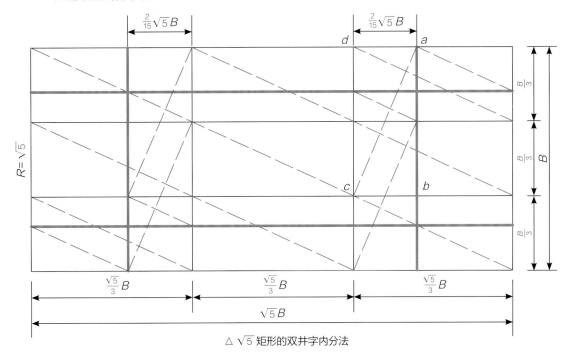

△ √5 矩形的双井字内分法

## ■ √6 矩形的分隔举例

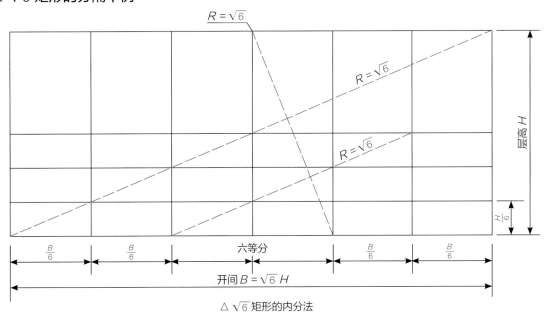

△ √6 矩形的内分法

# 6. 近似黄金分割比的比例

　　黄金分割比通过测量的方式很难实现，也因此出现了很多近似的比例，这些比例都取自整数，方便设计及建造的时候使用。同时这些数字被使用，也有文化的因素对其产生影响，人们的审美基本是相通的，这些近似比例虽起源和使用在不同区域，但是古代人民也许是无意识地在往美学上靠拢。

注：黑线为黄金分割矩形

△ 6：10 矩形与黄金分割矩形的对比　　　△ 6：11 矩形与黄金分割矩形的对比　　　△ 9：5 矩形与黄金分割矩形的对比

**1　6：10**

　　6：10 的比例与黄金分割比相近，同时 6 和 10 也带有文化意义。6 在数学家眼里是一个"完美的数"，它具有特殊的性质，6=1×2×3，6=1+2+3，这也就是说，6 是 1、2、3 三个数相乘所得的积，也是 1、2、3 三个数相加所得的和，人们把具有这种特殊性质的数称为"完数"，也就是"完美的数"。同时古代意大利人把 6 看成爱神维纳斯的数，象征着美满的婚姻，更加赋予了 6 完美的概念。

　　而数字 10 在意大利也是圆满的象征，两者象征的意义类似，所以经常被放在一起使用。同时两者相加得出来 16 的数字也常出现，因此 6 和 10 有很多种用法，不管是用 6：10 的矩形，还是 6：16 或者 10：16，甚至在柱子数量等地方也使用到这些数字。由于这都是西方的概念，因此这些数字的应用都体现在西方建筑中，尤其是意大利建筑，最爱使用 6：10 进行设计，意大利的米兰大教堂就使用了这个比例关系。

## 2 6：11

6：11 的数字用法则被发现于中国古建筑当中。在数字学中，数字 11 是最小的循环单位素数。如果数字中除 1 和 11 外，每一位的数字都是 1，则只要位数是 2 的倍数（例如，1111 是 4 位，111111 是 6 位等），数字就都是合数，因为这些数字都可以被 11 整除。而数字 11 在古代有着万事如意等吉祥的寓意，因此在古建筑中经常使用。但是在欧洲，数字 11 象征着不祥，因其比代表圆满的 10 稍多一点，所以 11 经常被与危险、背叛等联系在一起。因此西方国家几乎不会使用数字 11。

同时数字 6 在中国也被认为是吉祥的数字，比如六六大顺等，而 6：11 则体现在故宫中，也许在当时 6：11 是其他人不得使用的建制比例，但如今具体原因也不得而知了。

## 3 9：5

数字 9 和 5 在中国古代是具有特殊含义的，"九五之尊"就是其来源。在古代，古人信奉阴阳之说，就连数字也有阴阳之分，奇数为阳，偶数为阴，同时男女分别也为阴阳。古代帝王起初都为男性，因此在形容帝王的词语里面一般都会使用奇数。在奇数 1~9 中，9 是最高的阳数，象征着地位，5 则位于正中，象征着正统，因此 9 和 5 象征着帝王的权威，称为"九五之尊"。

也因此，这种比例关系都是用于和皇帝有关的建筑，比如皇帝的寝宫等。

# 7. 1:1

1:1 其实就是等大的关系，同等大小的物品根据不同的方式，其得到的效果也不同，比如对称就可以使其相同但又有变化，也可以通过间隔不同来展现韵律感，丰富设计。除此之外也有很多近似 1:1 的关系被经常使用，比如 8:7、11:10 等，这种整数比例的矩形让其形状无比接近正方形，却又不那么规整，使用起来也更加有可塑性。

## ① 1:1 正方形的特性

### ① 易识别性

1:1 是非常易识别的比例，也就是说正方形是非常易识别的图形。正方形具有均向性（即均匀方向的矩形），而且其边长比为 1，也可以被看作是没有比例的。正方形有两大形态要素，相等的边长以及四个角均为直角。所以，具有很高可识别性的正方形，其精确度的要求也高。施工时，不允许尺寸有大的偏差。

### ② 强相似变换性

从直角转换作用的角度看，正方形不需要旋转，就可以随时进行置换，任何方向的正方形都是其自身的相似变换形。

**相似变换律**

相似变换律包括**相似形重复律**和**相似形变换律**两个部分。两者结合可以协调整体和局部比例以及协调局部与局部之间比例搭配关系，是一个基础的规律。

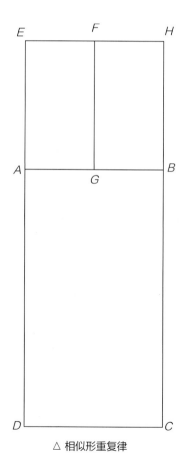

△ 相似形重复律

### ① 相似形重复律

相似形重复的效果被发现于 1862 年，格威尔特的文章中提出了这个概念，他提出了整体和局部的比例关系以及局部与局部的比例关系的规律。他写道"当我们整体考虑并精确测量时，我们发现凡是最优美、最悦目的比例都有彼此之间精确的关系，并且具有简明的比率配置。换句话说，就是用最小的局部的尺寸为单位，可以整除其整体。"

其意思是，在整体与局部之间，在局部与局部之间，它们共同的比例应该成为彼此之间的纽带。如果没有比例作为形式纽带的联系，各式各样松散形式组成"独立王国"，则形成不了完美统一的整体。发展到现代，比例理论有了重要突破，巴尔卡和劳埃德分别在不同的国家，同时各自提出了相似形重复律。巴尔卡说："在所有重要而成功的作品中，我们发现每个作品都有一个'基本形'在不断地重复出现，利用切割和分布的技巧布置'基本形'的大大小小的相似形，从而衍生出一个'自生成矩形'系列的巧妙组合，进而生成和谐的构图效果。"他们认为相似形重复律可以指引设计，创造出完整而优美的构图。

以矩形 $ABCD$ 为例，在其上方放置两个小矩形 $EFGA$ 和 $FHBG$，两者的比例与矩形 $ABCD$ 相同，但大小不同，相当于矩形 $ABCD$ "移位"到了上方，也就是相似形重复律。

### ② 相似形变换律

而在 19 世纪和 20 世纪交际的时期，韦尔夫林提出了相似形变换的概念，他主张这种具有相似形的图形最出色的品质就是能够移位，也可以旋转 90°，这样做的效果会更好，也更灵活。后来这种移位和旋转的方式被称为相似形变换。这个规律也被称为相似形变换律。

以矩形 $ABCD$ 为例，将矩形 $ABCD$ 向上移动，同时旋转 90°，再缩小尺寸形成矩形 $EFBA$，其底边与 $AB$ 相等；同样以 $CD$ 为底线，在上面做与矩形 $EFBA$ 相同的矩形，最终形成与矩形 $ABCD$ 相似的移位旋转矩形 $GHCD$。

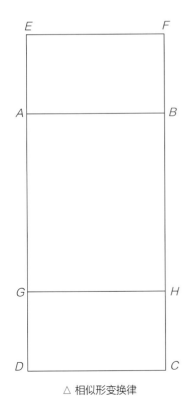

△ 相似形变换律

### ③ 古典性

正方形在横、竖两个方向上均匀对称，四平八稳，方向上不分主次，没有倒正和横竖之分，没有方向性。它具有明显的中心，所以正方形具有放射和收敛的性质。正方形严肃而稳重，基于这种特点，十分适合用在庄重的场合，比如古代的国玺及政府章印均用正方形，欧洲一些古典建筑也会使用正方形，特别是在富有纪念性的建筑上广为采用。

### ④ 中立性

正方形因其比例为1：1，可以看作是没有比例倾向的，如果一些构图中已经选用了比较特殊或者个性的比例，再加入其他个性的比例，可能会造成混乱，若是加入正方形，就能避免这种情况。设计中适度加入正方形或者接近正方形的元素，可以让原有的设计保持个性和秩序感。比如很多书画署名的印章大多是接近正方形的方形，这样不会干扰画面。

## ② 近似1：1的比例

1：1在一些实际施工中很容易产生误差，而且相对来说不是那么具有个性和主题性，因此会使用一些近似1：1的比例。近似1：1的比例有8：7、9：8、10：9、11：10等，这些比例的两个数字相减都为1，数字越大就越接近1：1，数字越小则越接近矩形，这样的话有些矩形可以无限接近正方形。

以这种比例所得到的矩形兼具正方形规整的特性，同时具有矩形的可塑性，很多带有设计感的个性比例也可以在其上实现。

注：红线为8：7

△ 8：7矩形与1：1正方形的对比

### ■ 镜像对称

最常见的对称类型，是指对象沿着中轴线或镜像轴线反射出的一个相反的形象，镜像过的两个元素产生了镜像对称的关系，如人类的头骨或者自然界中有机生物的对称一般都是镜像对称。

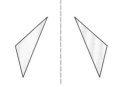

### ■ 平行对称

相同元素出现在空间中的不同区域，可以看作是同一元素的重复，维持了元素的基本定位，平移对称的产生不限方向、不限距离。

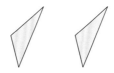

### ■ 对角线对称

其图形被对角线分割成两部分，两部分属性相同，这种对角线图形通常内角大于 4 个，且为偶数，这种对角线图形也同时为镜像对称。

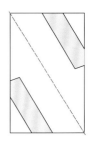

### ■ 中心对称

指相同元素绕中心点旋转所产生的重复排列关系，旋转对称不限角度、不限频率，是中心对称。

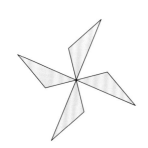

### ■ 螺旋对称

元素沿着一条轴线呈螺旋状旋转，其排列关系最后形成的图形就是螺旋对称。

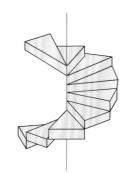

### ■ 组合对称

由两个以上的构图形式同时出现的图形，即为组合对称。

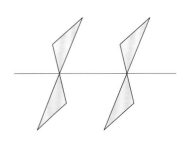

"韵律"是代表事物特征的名词，表示某种特定的组合规律。而设计中，韵律的产生主要取决于构成元素的视觉属性和元素间距。

### ■ 韵律产生的条件

元素视觉属性包括体量、比例、颜色等，其完全相同或渐变是产生韵律的条件。其中韵律和比例也呈现出很强的关系，比如，元素若是体量比例相同，间距完全相同，则呈现出来的韵律是规整且稍显无趣的。

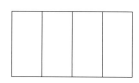
△完全相同的韵律

若元素依次变高，且后一个比前一个高度增加的数值是等量的，那么此时就产生了韵律关系，且该韵律关系是按照等差数列的原理呈现的，而 $h$ 就是该等差数列的公差。

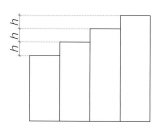
△元素逐渐增大的韵律关系

在元素属性完全相同时，若需要产生韵律关系，那么其元素间距须满足一定的比例关系，比如 1 : 1 等距，或者不等距。但是不等距不代表距离是随机的，为了形成美观的韵律，其间隔距离应该按照逐渐增大、逐渐缩小、先增大后缩小或者先缩小后增大的规律安排。增大与缩小的规律应按照特定系数控制，比如等差数列或者等比数列等规则。

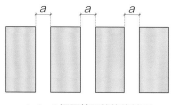
△ 1 : 1 间隔等距的韵律关系

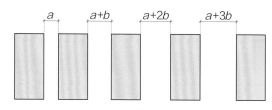
△ 不等距的韵律关系

当元素属性不同时，元素间距也应满足一定的比例关系，与元素属性相同的情况相同，元素间距分为无间距、等距和不等距三种情况。

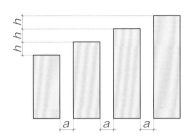
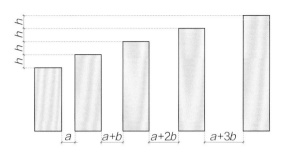

△ 1:1间隔等距，但元素属性不同时的韵律关系　　　△ 不等距，并且元素属性不同时的韵律关系

　　由此可以得出结论：当构图元素的属性符合韵律关系，且在其属性韵律方向上的元素间距为一个固定值或者存在一定的数理规律时（等差、等比、斐波那契数列等），该构图关系为韵律构图。但当元素的属性韵律与间距韵律不在同一方向时，此时的韵律关系被打破。

## ■ 重复韵律

　　元素的重复韵律是指因构成元素属性与间距均相等时产生的韵律性构图形式。其实这种重复韵律也可以看作是1:1复制粘贴的，因此也可看作是1:1的一种。重复排列可以细分为单体重复韵律和分组重复韵律两类。

　　单体重复韵律：是指每个构成元素的自身属性相同且间距相等的重复性律，韵律产生的条件所列举的图例都属于单体重复韵律。

　　分组重复韵律：是指存在多种属性构成元素，元素的间距也可能不等距，但若干元素相互组合后形成的组团之间产生整体的属性相同且等距关系，此时的构图关系也是重复性韵律。

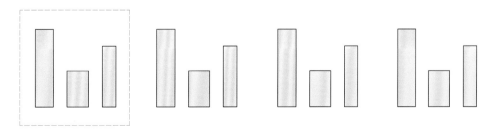

△ 分组重复韵律

## ■ 韵律排列方式

　　空间构图中重复韵律的间距是三维空间内的空间间距，元素间的韵律排列方式更加多元。主要根据其元素属性去做区分，同属性分组重复韵律和不同属性分组重复韵律所呈现的效果不同。

　　① 同属性分组重复韵律

　　同属性分组重复韵律是指构图中所有元素均属性相同，元素间距不同，但分组后，组与组之间的间距相等，且每组内的元素间距也存在着固定的韵律。比如，元素形状、大小、颜色均相同的简单构图，其中元素间距存在两种尺寸，且两种尺寸彼此交错，不是单独元素的重复韵律关系，但通过两两组合成组的方式，可以形成重复的韵律。同时这种韵律也可以分成两种。

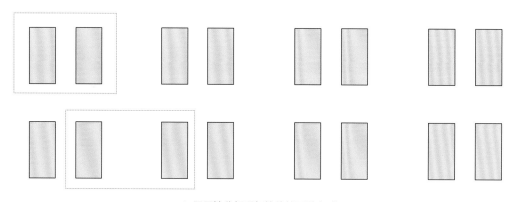

△ 同属性分组重复韵律的两种方式

　　② 不同属性分组重复韵律

　　构图中所有元素属性可能各不相同，通过视觉分组产生重复排列的效果，可以使用元素属性与元素间距存在差异，但相近的图形。这种构图中一共存在三种形状的元素，彼此交错排列，可以通过图中虚线划分的两种方式分组（还有其他分组方式，此处暂不做罗列）。它们都存在组与组构成元素数量与形状相同的关系，以及组与组之间间距相同的关系，这两种关系符合重复韵律构图关系原则。

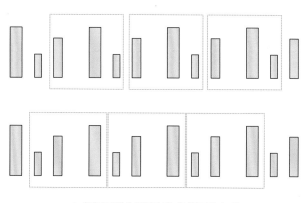

△ 相近图形分组重复韵律的两种方式

以上的元素属性只有形状和体量不同，元素视觉上相近。而当构图中元素的颜色、体量、形状均不同时，可以称为差异元素，不过根据相似的分组方式，同样具有重复韵律关系。对比相似图形和差异元素重复韵律的关系，差异元素比相近元素间的分组韵律效果更强。因为分组重复韵律构图的本质是由单体重复韵律元素交错组合而成的，相近元素组合使隐含其中的单体重复韵律不易体现，而在差异元素的组合中，各单体重复韵律关系明显，因此其分组韵律构图关系也较为明显，如差异元素分组重复韵律图中，元素形状、体量和位置均存在明显差异，因此其分组韵律效果明显。

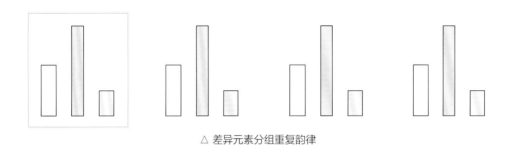

△ 差异元素分组重复韵律

　　体量、大小以及颜色都会影响到元素的差异，但在元素的颜色存在反差的情况下分组效果进一步明显。由此可得出结论，在差异元素分组重复韵律构图中，元素的颜色位置是重要的视觉分组要素。

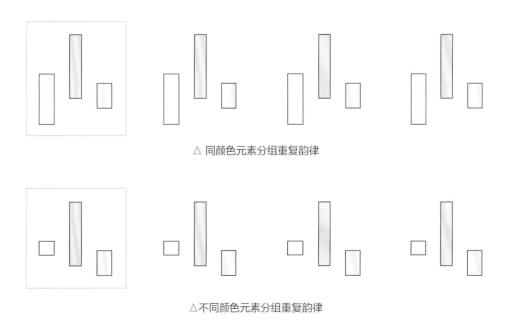

△ 同颜色元素分组重复韵律

△ 不同颜色元素分组重复韵律

# 8. 整数比

**1** 2：1

　　2：1的比例十分常见，其所形成的2：1矩形可以看作是由两个正方形并连而成的，因此也被称为双正方形，在视觉上极易被分辨出来，和正方形一样是易识别比例。2：1矩形是人类最早发现的定比矩形，古希腊就运用2：1矩形设计出了实例——波塞冬神庙。波塞冬神庙造型的定量恰好是增一分太多，减一分太短，若对其有所改动，结构和造型等都很容易出现问题。由此可以看出，其设计已经十分成熟，且规律化了。从比例设计的角度来看，这是一座造型完美且充满成熟艺术隐喻的建筑。

**2** 3：1

　　无论是1：3还是3：1，这种比例都能形成一个窄长的矩形。对于这个矩形，无论是其相似形还是内分形，都和3的倍数以及1/3的倍率有关。3：1矩形中贯穿着3倍和1/3倍的特性，灵活运用相似变换律，就可以产生与众不同且个性突出的效果。密斯·凡·德·罗称这种扁而阔的大空间为万用空间，这种空间是大工业时代的象征，只有大工业时代才能实现新

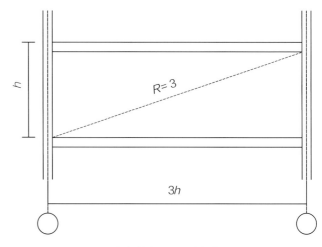

△ 钢框架楼房的开间比例为3：1

颖的比例。在 21 世纪,采用新科技就可以在框架结构上实现跨度:柱高 = 3:1,可以用这种比例去展示和表达新技术的成就感。

与 3 倍有关的比例除了 3:1 外,还有 3:2。3:2 形成的矩形,长边是短边的 1.5 倍,这是用肉眼可以准确度量出来的矩形比例,也是整数比中的典型比例。而且 3:2 矩形和 √2 矩形相差不大,因此在很多实践中,考虑到数值简单、施工便利,都会用 3:2 矩形来代替 √2 矩形。

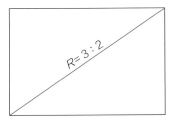 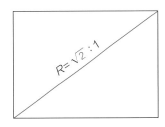

△ 3:2 矩形和 √2 矩形的对比

# 3 4:1

4:1 所呈现的比例关系比较狭长,其形成的 4:1 矩形实际上是两个 2:1 矩形连接而成的,接近于难以辨认的比例,在建筑或者室内设计中很少作为主要比例进行使用。

△ 4:1 矩形 =2:1 矩形 +2:1 矩形

除了 4：1 外，与 4 相关的比例还有 4：3。4：3 矩形的长边是短边的 1.333 倍，勉强可以用肉眼度量，其比率数值上有循环小数，若把 4：3 矩形当作两个 3：2 矩形去度量，就十分方便了。

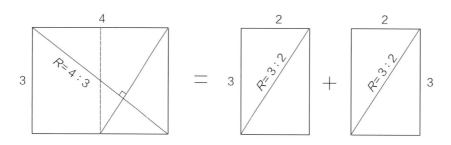

△ 4：3 矩形 =3：2 矩形 +3：2 矩形

4：3 的比例在实际生活中使用频率比较高，比如一些摄影构图等。从 19 世纪末期一直到 20 世纪 50 年代，电影画面宽高比长时间维持在 1.333（也就类似于如今屏幕比例 4：3），而进入 50 年代后期，电视行业的兴起，为了方便把传统的电影画面搬到电视机上，就也沿用了 1.33 的长宽比例，这也就是 4：3 屏幕比例的由来。后来，人们对人体工程学研究得愈发深入，发现人的视野范围其实是一个 16：9 的长方形，所以很多电影屏幕逐渐开始走 16：9 的制式，这样会更加符合人的视觉体验以及利于视频画面的呈现。16 和 9 分别是 4 和 3 的平方，所以它们比例其实相近，只不过 16：9 更加精确。

注：红线为 16：9

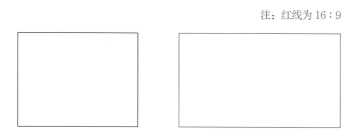

△ 4：3 矩形与 16：9 矩形的对比

# 4 其他整数比

其他整数比矩形都很难在外观上进行分辨，却也符合整数比的条件。其难以识别的原因常常是因为比率数值的分母或分子较大，目测困难，所以也被称为难辨认的通约（即整数比）矩形。这种矩形很多，比如 10∶7 矩形和 7∶5 矩形就很相似，难以将两者区分开。

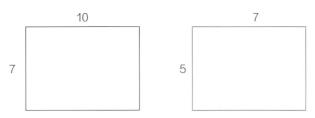

△ 10∶7 矩形与 7∶5 矩形相似

整数比矩形都可以分解为纵横方向的多个矩形，所以大多数的整数比矩形都可以被看成是由易目测矩形集合而成的，比如 10∶3 矩形就可以理解为由五个 3∶2 矩形组成。

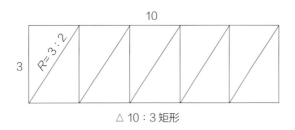

△ 10∶3 矩形

这些矩形的比例虽然难以辨认，却可以利用这种特性来挖掘其实用价值，比如 12∶1 的狭长比率很难目测出来，反而可以起着局外的中立作用，在一块素白的墙上可以开出大大小小的正方形的洞，也可以采用窄缝技巧，开出一两个狭长的缝隙，并不破坏其整体的比例秩序。

窄缝分隔法：是指在窄长的比例矩形中，开出一两个狭长的矩形，将狭长的矩形当作分割线使用，让分出来的几个部分分别与总体的比例相呼应，如此能够得到和谐的装饰效果。

# 9. 特殊几何图形

圆形是正方形的"孪生兄弟"，是与正方形相呼应的最佳形状。"无规矩不成方圆"也体现出正方形和圆形严谨及规整的特性。和正方形一样，圆形的形态要素也仅有两个，即圆心和半径。所以，圆形是一种最简单、最干净、最饱满的形状，也是最容易识别的曲线形状。圆形或者圆柱形的外观十分悦目，与正方形一样都是严肃和庄重的象征，不过因其曲线的特性，圆形的制作工艺较为特殊。

圆形的对称性比正方形还要强烈，圆是多方向对称，对称于任何通过圆心的轴线，其具备的向心力也十分明显，同时还具备射向各个方位的放射力。因此，可以认为正方形、圆形和45°的直角三角形的比例都相同，称三者为"同比例–异形体"。

圆被伽利略称为"完美图形"，其"完美性"使圆形成为建筑、室内设计中的常用几何元素。圆与圆之间的组合关系是多种多样的，最常见的关系有相交、内切、外切、同心、偏心等。其中同心圆在设计当中也经常被使用，若用在平面设计上，可让图的视觉焦点更加集中。

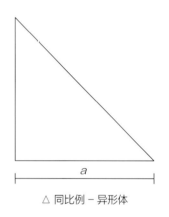

△ 同比例 – 异形体

  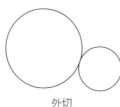 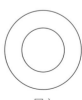 

相交　　　　内切　　　　外切　　　　同心　　　　偏心

△ 圆之间的组合关系

# 2 椭圆形

椭圆形也是设计中常使用的几何图形之一，宇宙中的行星运动轨迹通常是椭圆形轨迹，椭圆形可以看作是由圆形变形而成的长圆形，同样也是从圆到直线变形的过程。平面中的椭圆形具有两条对称轴，两条轴相互垂直，长度不同，长的是主轴，短的是次轴，主、次轴之间的差别越小，其形状越趋向于圆形。椭圆形的垂直轴向关系也是让其成为建筑或室内构图设计手法的最大因素。椭圆形中有一个特殊的形状，就是黄金分割椭圆形，黄金分割椭圆形与黄金分割矩形及黄金分割三角形具备类似的美学属性。它与黄金分割矩形有着一样的比例，其长轴：短轴 =1.618：1。

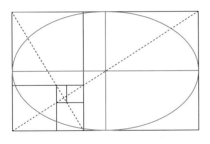 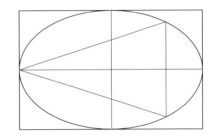

△ 黄金分割椭圆形　　　　　　　　　　　△ 内接于黄金分割椭圆形的黄金分割三角形

# 3 等腰三角形

等腰三角形中最为特别的就是埃及等腰三角形了，《建筑学讲义》的作者维奥莱·勒·迪克对于建筑与等腰三角形、等边三角形的关系有很深入的研究，他尤其对"埃及等腰三角形"有特殊的兴趣。"埃及等腰三角形"是以底边四个单位、高五个单位的直角三角形，沿长直角边镜像后拼合而成的等腰三角形。

埃及等腰三角形还有另外一种绘制方法，即先构建一个长 8 个单位、宽 5 个单位的矩形，连接长边的两个顶点与对面的中点形成等腰三角形，底边：高 =8：5，边长为 $\sqrt{41}$ 或稍大于 6.4 个单位。

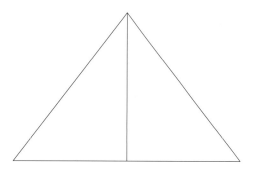

△ 两个直角三角形绘制的埃及等腰三角形

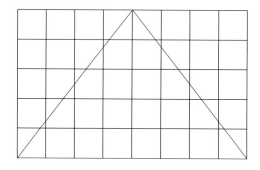

△ 矩形绘制的埃及等腰三角形

## **4** 等边三角形

　　在多种矩形中隐含四种典型的三角形，45° 直角三角形隐含在正方形中，30° 和 60° 三角形则隐含在 $\sqrt{3}$ 矩形中，而等边三角形则隐含在 2：$\sqrt{3}$ 矩形当中。

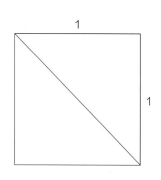

△ 正方形中隐含着 45° 直角三角形

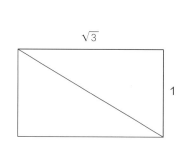

△ $\sqrt{3}$ 矩形中隐含着 60° 三角形

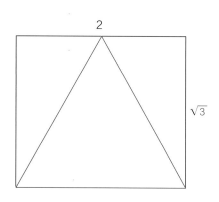

△ 2：$\sqrt{3}$ 矩形中隐含着等边三角形

等边三角形也可以通过构建正方形网格的形式进行绘制，构建一个长 7 个单位、高 6 个单位的矩形网格，连接两个底点，两个底点与对面的中点分别相连，即可得到一个等边三角形。同时底边：高 =8：7 的矩形网格也可以绘制出等边三角形。

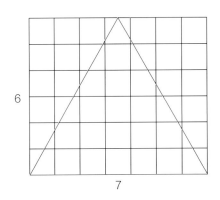

△ 底边：高 =7：6 矩形绘制的等边三角形

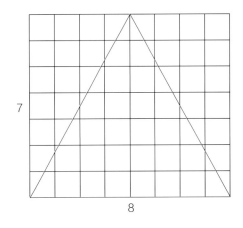

△ 底边：高 =8：7 矩形绘制的等边三角形

反过来说，$\sqrt{3}$：2 也可以从等边三角形中获得，也能由简单方圆作图中获得。如果以一个正方形底边两个顶点为圆点，分别以正方形边长为半径作圆弧，两条圆弧在正方形内的交点与底边两个顶点形成一个等边三角形，而包含这个等边三角形的矩形，短边与长边之比（即等边三角形的高与边长之比）等于 $\sqrt{3}$：2，这种内含等边三角形的矩形为 $\sqrt{3}$：2 矩形。

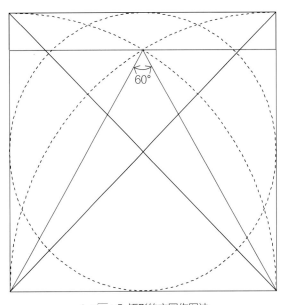

△ $\sqrt{3}$：2 矩形的方圆作图法

# 10. 柯布西耶辅助线

柯布西耶在几何结构和数学的运用上表现出来的兴趣在其《走向新建筑》一书中有所记载，他说："辅助线是建筑不可或缺的因素，是建立秩序的必要条件，它能确保避免随心所欲，使人明了并获得满足。辅助线能成为引导工作的指引，但不是一个秘方。选好辅助线并良好地表现它与建筑创作密不可分。"

在书中柯布西耶探讨了各种辅助线作为一种在建筑中创造次序和美的方法的必要性，有人曾批评过他："你用辅助线扼杀了想象力，你造出了一个万金油。"柯布西耶回应道："历史提供了证明，人像、石板、石刻、羊皮纸文卷、手稿和印刷品等，这些都是证明。"柯布西耶认为辅助线是"灵感爆发的决定性力量，是建筑生命力的关键因素"。

△ 柯布西耶辅助线在建筑立面上的应用

# 2 辅助线的类型

　　辅助线不拘泥于直线，任何几何形式的线都可以做辅助线，如圆形、等边三角形等，以及一些特殊的直线关系，如平行线、垂直线等。辅助线的作用实际就是利用一定的比例关系建立辅助线，以此来决定建筑高度及宽度的比例。

　　在矩形建筑或者室内设计中最常见的就是平行和垂直关系。柯布西耶提出用矩形对角线来做辅助比例，并称对角线为辅助线，当两个或多个矩形对角线上的辅助线互相平行时，说明这些矩形均为相似的定比矩形，当辅助线互相垂直时就出现相似形旋转 90° 后的变换现象，柯布西耶称这种情况是直角变换。

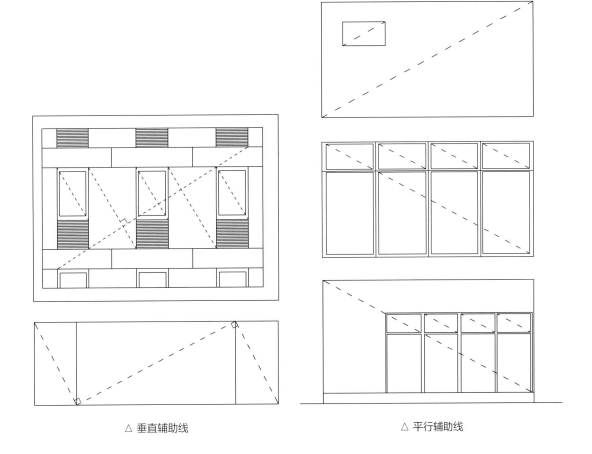

△ 垂直辅助线　　　　　　　　　　　　　　　　△ 平行辅助线

更明确地说，辅助线是矩形的对角线，辅助线所指示的是该矩形的比例，矩形的比例是指辅助线的斜率（斜率是指直线或曲线在平面直角坐标系中的倾斜程度，通常用直线或曲线与横坐标轴的夹角的正切值来表示）。如果两个矩形各自的两条辅助线相互平行，就表示两个矩形的比例相同，如果两条辅助线相互垂直，则表示两个矩形的比例相同，而且是处于直角变换的位置。

另外圆弧形辅助线也经常被使用，尤其在平面设计中，圆形的辅助线可以辅助确定弧线的半径、形态以及大小，让整个画面更加和谐，大小错落有序。

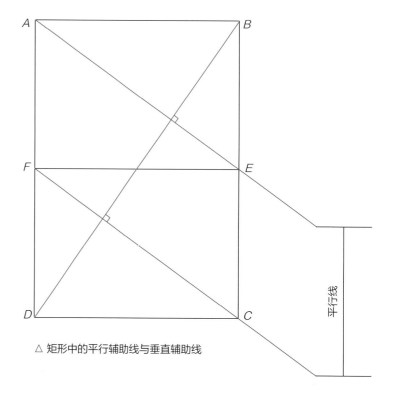

△ 矩形中的平行辅助线与垂直辅助线

△ 圆弧形辅助线

# 11. 网格系统

**1** 网格系统的由来和演变

网格系统是平面设计理论中，关于版式设计的经验总结成果。其是运用数字的比例关系，通过严格的计算，把版心划分为无数统一尺寸的网格。虽然网格系统是平面设计领域的经验总结成果，但是，美都是相通的，网格系统中的理论依据完全可以支撑其应用在室内设计中，以此来找到矩形的黄金分割点。

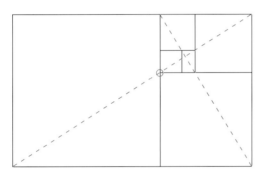

△ 黄金分割点是指黄金分割矩形内接正方形与另一个竖向黄金分割矩形内接正方形的交会点。如上图矩形中的黄金分割点就是圆的圆心

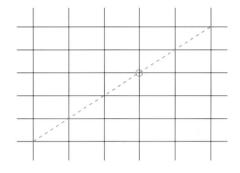

△ 在同一矩形中，用 5×5 的网格形式，也能够找到黄金分割点，如图中圆的圆心。上图中黄金分割点位于网格从右数第二列和从上数第二行的交点位置。无论矩形的比例是什么，绘制左下至右下方的对角线都能通过这个点

**2** 网格系统的分类

常用的网格除了 5×5 外，还有 3×3 的网格形式。相对而言，3×3 的网格形式的灵活性更高。

第一章 比例原理

055

## ■ 3×3 网格——均分式

这种 3×3 的均分网格属于欧洲古典做法，即三段论。在欧洲古典主义时期将三段论发展到极致，也就是将建筑立面的纵向和横向都分为均等的三段，且建筑左右对称，表现出古典主义建筑的理性美，凡尔赛宫就是最好的例子。

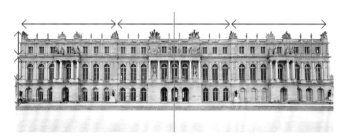

△ 凡尔赛宫从横向和纵向上都被均匀地分成三份，同时，以建筑的中线为轴做对称处理，造型轮廓整齐、庄重雄伟，是理性美的代表

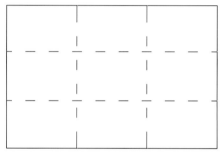

△ 3×3 均分式网格

## ■ 3×3 网格——黄金分割线式

在一个普通的矩形中，还可以利用黄金分割线的比例关系来划分出 3×3 网格。如右图所示，在每条边上找出黄金分割点，且将相对边上的黄金分割点连接起来，再根据每条边的中心做中轴对称，可得出 3×3 网格，即矩形长边和宽边的比例均为 1：0.618。这种网格形式既具有数学之美，又具有均衡之美，这种网格系统多应用于家具隔层的位置分布上。

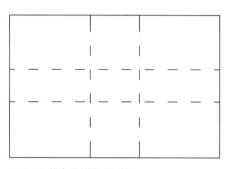

△ 3×3 黄金分割线式网格

## ■ 3×3 网格——16：9式

这也是一种较常用的 3×3 网格系统，该网格的特殊性在于整体长宽比为 667：375，约等于 16：9，常用的电子产品都是按照这个长宽比进行设计的，如手机。这种中间窄，两边宽的九格网格在室内设计中常应用于家具的分割上。

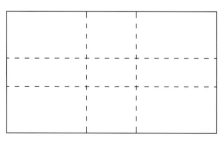

△ 3×3 16：9式网格

## 拓展知识

下图中的四个矩形在设计中比较常见，其长宽比分别为 3 : 2（常见的矩形比例）、4 : 3（勾股定理中两条直角边的比例）、16 : 9（电子数码用品的常用比例）以及 1 : 1（最特殊的矩形，即正方形的比例），这四种比例占设计中所有比例关系的 90% 以上。

在每个矩形中，连出两条对角线，并做四条辅助线，辅助线分别通过矩形的四个点且与其相应的对角线垂直，即可得到四个点。连接上下两个点，并延长至与长相交，可以发现，该线即为与其垂直的边线的黄金分割线。这四个点的位置，其实是在大比例（即四个矩形的比例）中找了一个小比例（黄金分割比）。这些点对设计有一定的辅助作用，可以帮助设计师将设计的亮点或者特殊的设计放在四个点或者其中的某一个点上，这样设计出来的作品富有理性之美和秩序感。

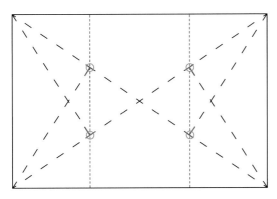

△ 长宽比 3 : 2 矩形

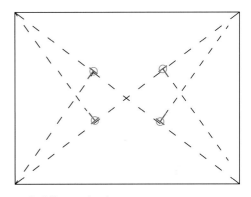

△ 长宽比 4 : 3 矩形

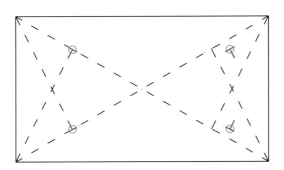

△ 长宽比 16 : 9 矩形

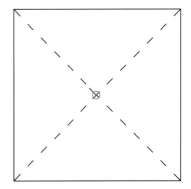

△ 长宽比 1 : 1 矩形

# 12. 模数与模度

## ① 模数

模数，是选定的标准尺度计量单位。单位被应用于建筑设计、建筑施工、建筑材料与制品、建筑设备等项目，使构配件安全吻合，并有互换性。

建筑模数，是指建筑设计中选定的标准尺寸单位。它是建筑设计、建筑施工、建筑材料与制品、建筑设备、建筑组合件等各部门进行尺度协调的基础。

基本模数，是模数协调中选用的基本尺寸单位，数值规定为 100mm，符号为 $M$，即 $1M=100$mm。建筑物和建筑部件以及建筑组合件的模数化尺寸，应是基本模数的倍数，是国内统一使用的模数。

模数制，是指在模数的基础上所制定的一套尺寸协调的标准。统一模数制就是为了实现设计的标准化而制定的一套基本规则，使不同的建筑物及各分部之间的尺寸统一协调，使之具有通用性和互换性，以加快设计速度，提高施工效率，降低造价。

## ② 模度

### ■ 模度的由来

模度是建筑大师柯布西耶所提出来的概念，也是黄金分割比的衍生。柯布西耶在早年旅行过许多国家，他发现如巴尔干半岛、土耳其、巴伐利亚、希腊、瑞士等地的住宅高度都是人举手的高度（地面距顶棚的高度为 2.1~2.2m），从中得到启发。

随后历经七年的理论研究与试验，出版了《模度——合乎人体比例的、通用于建筑和机械的和谐尺度》一书，以 1.83m 为模数的人体尺寸便产生了。

## ■ 模度的推导

柯布西耶曾解释过："模度是从人体尺寸与自然界中产生的一个度量工具。"模度是从人体尺度出发，起始于身高为 6ft（即 1.83m）的人作为标准，选定下垂手臂、脐、头顶、上伸手臂四个部位为控制点，与地面距离分别为 86cm、113cm、183cm、226cm。同时，还根据人体不同姿势的臀部和手肘的高度，出现了四个尺寸：27cm、43cm、70cm、140cm。这些数值之间存在着两种关系：一是黄金比例关系，$43 \approx 70 \times 0.618$，$70 \approx 113 \times 0.618$，$113 \approx 183 \times 0.618$；二是上伸手臂高（226cm）恰为脐高（113cm）的两倍，同时可以看出斐波那契数列也存在于这些数字当中，比如 43+70=113，70+113=183，43+70+113=226。以脐高 113cm 和上伸手臂 226cm 这两个数值为基准，乘以黄金比例数值，可以形成两套级数，前者被称为"红尺"，后者被称为"蓝尺"。

利用 113 的尺寸和黄金分割比例，红尺数值的由来：

$113 \times 0.618 \approx 70$　　$70 \times 0.618 \approx 43$　　$43 \times 0.618 \approx 27\cdots$

利用 226=113×2=86+140 以及黄金分割比例，蓝尺数值的由来：

$226 \times 0.618 \approx 140$　　$140 \times 0.618 \approx 86$　　$86 \times 0.618 \approx 53\cdots$

**红尺数值：** 183-113-70-43-27-16-10-6
**蓝尺数值：** 226-140-86-53-33-20-12-8-4

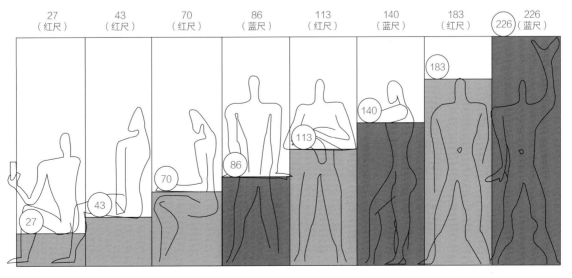

△人体行为与红蓝尺的对应关系

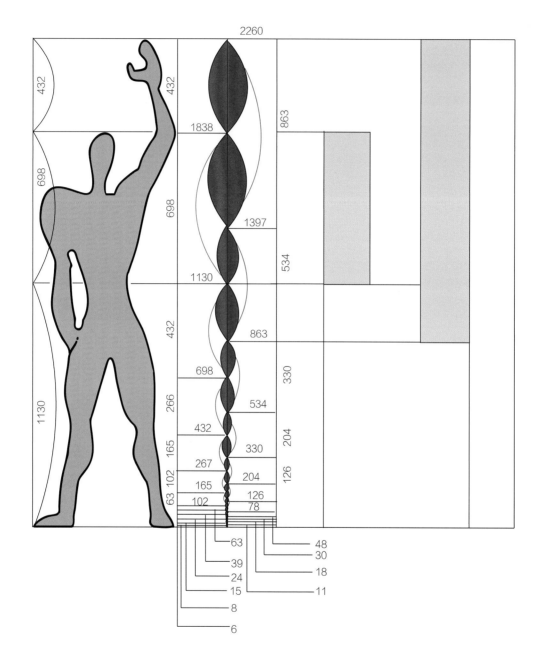

△人体与红蓝尺数值的关系

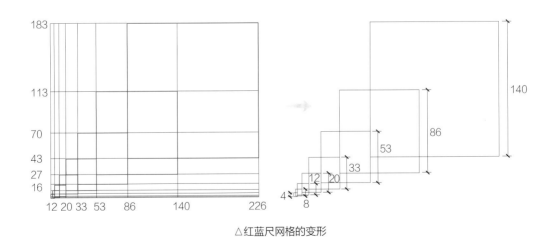

## ■ 模度的变形

以蓝尺做横轴，红尺做纵轴，根据其数值可得到一个不同坐标点的位置，过点做横轴和纵轴的垂线，可以得到包含红尺、蓝尺数值的网格，这些网格就可以称为模度。

△红蓝尺网格

观察网格可以发现，红尺、蓝尺相邻的数据之间距离相等，即可得到不同边长的正方形。这些坐标轴上的数值以及正方形的边长都被广泛应用于设计中，与人们的生活息息相关。

△红蓝尺网格的变形

柯布西耶模度绝不仅仅是一个简单的测量工具，而是一种设计手段，他建立了以人体尺度及比例关系为基础的设计系统。为建筑师提供数据参考，解放建筑师对尺度与量化关系的困扰，并贯穿于设计到建造的整个过程中。

## ■ 模度的延伸

若将模度中红尺和蓝尺分别设定为 $R$ 和 $B$ 数列，像 $R_1$=183，$R_0$=113，$R_{-1}$=70，依次类推，那么 $B_1$=226，$B_0$=140，$B_{-1}$=86… 根据数列的性质，可以对宽和高都为 $R$ 或 $B$ 数列中的每一项的矩形进行递归分割。如此长度为 $R_n$ 和 $B_n$ 分别有四种和五种分割方案。

$$R_n = R_{n-1} + R_{n-2} \qquad\qquad R_{n-1} : R_{n-2} = 0.618 : 1$$
$$R_n = R_{n-2} + R_{n-1} \qquad\qquad R_{n-2} : R_{n-1} = 1.618 : 1$$
$$R_n = R_{n-3} + B_{n-2} \qquad\qquad R_{n-3} : B_{n-2} = 0.309 : 1$$
$$R_n = B_{n-2} + R_{n-3} \qquad\qquad B_{n-2} : R_{n-3} = 3.236 : 1$$
$$B_n = B_{n-1} + B_{n-2} \qquad\qquad B_{n-1} : B_{n-2} = 0.618 : 1$$
$$B_n = B_{n-2} + B_{n-1} \qquad\qquad B_{n-2} : B_{n-1} = 1.618 : 1$$
$$B_n = R_{n+1} + R_{n-2} \qquad\qquad R_{n+1} : R_{n-2} = 4.236 : 1$$
$$B_n = R_{n-2} + R_{n+1} \qquad\qquad R_{n-2} : R_{n+1} = 0.236 : 1$$
$$B_n = R_n + R_n \qquad\qquad R_n : R_n = 1 : 1$$

不断代入 $R_n$ 和 $B_n$ 的通项公式即可推出以上的比例关系，按照这种方式，可以挖掘出各类矩形的分割可能性。

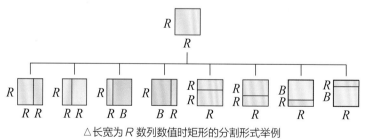

△长宽为 $R$ 数列数值时矩形的分割形式举例

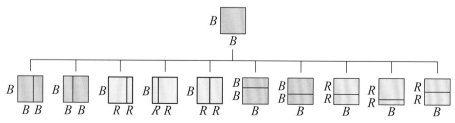

△长宽为 $B$ 数列数值时矩形的分割形式举例

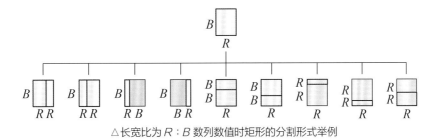

△长宽比为 *R*：*B* 数列数值时矩形的分割形式举例

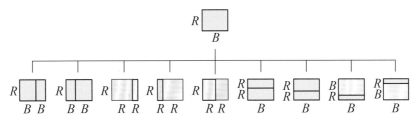

△长宽比为 *B*：*R* 数列数值时矩形的分割形式举例

以上都是以一根线分割矩形的形式去进行的，还可以综合这些分割方式，就能得到更多分割方式，以右图为例对这些矩形进行举例。

在进行这样的分割过程后，就可以得到柯布西耶在书中列出的分割结果，其实很多并不完全符合上述的分割规律，可能是为了美观而进行的改动，比例只是一种参考，在设计中不必死板地只按照比例进行设计。

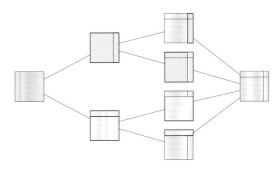

△矩形分割方式的组合

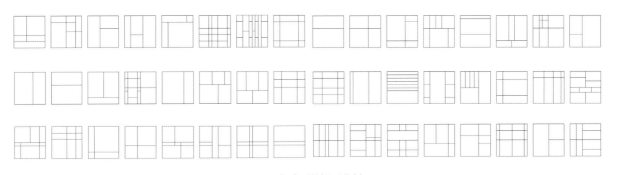

△组合后的矩形分割

# 13. 数列

**数列的分类**

### ■ 等差数列

等差数列是最常见数列的一种，是指数列中的相邻数列之间运用加法或减法法则，通过加减运算使相邻量值间产生恒定"差值"的一组无限递增或无限递减的数列。公差是更为好理解的数列形式，设等差数列的公差为 $d$，初始值 $a_0$，则公差中的任一项 $a_n = a_0 + (n-1)d$。

例如，当 $d=2$，$a_0=1$ 时，数列情况如下。

$$1，3，5，7，9，11，13，15，17\cdots$$

△ 等差数列

等差数列中决定各项数值差异的要素是公差 $d$ 和初始值 $a_0$。等差数列是建筑构图中最常用的数列形式，等差数列可以使建筑或者室内设计的各个单体呈现出递减或者递增的有层次的关系。

等差中项，则是指等差数列中连续三项数中的中间项，就是前一项与后一项的等差中项。例如上述的递进式中 $a_0+d$ 是 $a_0$ 与 $(a_0+d)+d$ 的等差中项，等差数列 1、3、5、7、9、11、13、15、17…中，3 是 1 和 5 的等差中项，5 是 3 和 7 的等差中项，以此类推。在等差中项的位置或者结构上可以适当做加强或者其他效果，让设计更加具有变化。

### ■ 等比数列

等比数列，是指数列中的后一个量值与其前面量值是倍数的关系。等比数列可记为 $a_n$，即 $a_1$、$a_2$、$a_3$…。$a_1$ 是数列的"首项"，$a_2$ 是数列的"第二项"，依此类推。等比数列的通项

式为 $a_n=a_0 r^{n-1}$，其中 $r$ 为公比，$a_0$ 作为已知初始值，$a_1=a_0$。等比数列中前 $n$ 项的和符合公式 $S_n=\dfrac{a_0-a_0 r^n}{1-r}$。

△ 等比数列

等比数列当中的初始值 $a_0$ 和公差 $r$ 是决定数列形式及属性的决定要素。公差 $r$ 作为一个固定的倍数，根据初始值和数列前项的数值决定数列中后项的数值，而且前项与后项的数值差由公差 $r$ 的大小决定。

等比中项，是指等比数列中连续三项数中的中间项，也就是前一项与后一项的等比中项。

在建筑、室内或者平面设计中，其构图手法韵律与比例中广泛运用了等比数列理论，通过控制等比数列的初始值 $a_0$ 和公差 $r$ 的参数，就可以得到不同的比例构图或造型，其中可以对一些等比中项的位置做一定的调整，做一些设计上的过渡或者亮点。

■ 卢卡斯数列

卢卡斯数列（1、3、4、7、11、18⋯）和斐波那契数列（1、1、2、3、5、8⋯）具有相同的性质，从第三项开始，每一项都等于前两项之和，这种数列被称为斐波那契 – 卢卡斯递推。凡符合斐波那契 – 卢卡斯递推的数列都称为斐波那契 – 卢卡斯数列。

△ 卢卡斯数列

卢卡斯数列和斐波那契数列一样具有黄金特征，其中也蕴含着黄金分割比，因此卢卡斯数列在设计中的使用频率也较高。

### ■ 卡特兰数列

卡特兰数，又称卡塔兰数、明安图数，是组合数学中一种常出现于各种计数问题中的数列。以中国蒙古族数学家明安图和比利时数学家欧仁·查理·卡特兰的名字来命名，其前几项为（从第 0 项开始）：1、1、2、5、14、42、132、429、1430、4862…

卡特兰数 $C_n$ 满足以下递推关系：

① $C_{n+1}=C_0C_n+C_1C_{n-1}+\cdots+C_nC_0$；

② $(n-3)\,C_n=\dfrac{n}{2}\,(C_3C_{n-1}+C_4C_{n-2}+C_5C_{n-3}+\cdots+C_{n-2}C_4+C_{n-1}C_3)$。

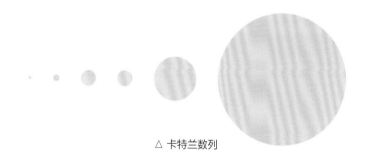

△ 卡特兰数列

### ■ 帕多瓦数列

帕多瓦数列为 1、1、1、2、2、3、4、5、7、9、12、16、21、28、37、49、65…从第四项开始，每一项都是前面 2 项与前面 3 项的和，若设 $x$ 为项的序数（$x>4$），那么 $x=(x-2)+(x-3)$，其原理和斐波那契数列十分相似，稍有不同的是，每个数都是跳过它前面的那个数，并把再前面的两个数相加而得出的，比如 5=3+2，7=4+3，9=5+4 等。

△ 帕多瓦数列

同时帕多瓦数列若是以等边三角形面积递减的关系绘制，则能够得到一个不规则的七边形，将每个三角形底边相切的圆弧连接就能得到一个与黄金螺旋线近似的图形，这也从侧面印证了帕多瓦数列对设计有积极的作用。

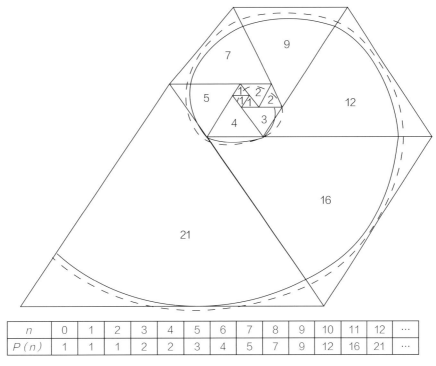

| $n$ | 0 | 1 | 2 | 3 | 4 | 5 | 6 | 7 | 8 | 9 | 10 | 11 | 12 | ⋯ |
|---|---|---|---|---|---|---|---|---|---|---|---|---|---|---|
| $P(n)$ | 1 | 1 | 1 | 2 | 2 | 3 | 4 | 5 | 7 | 9 | 12 | 16 | 21 | ⋯ |

△ 帕多瓦数列三角形和黄金螺旋线的关系

## ■ 雷诺数列

雷诺数列是把 10 分成或 5 份、或 10 份、或 20 份、或 40 份的一种方法，经常被应用在分割比例上，或者是平面设计中字号比例大小的选择上。从数学上来讲，就是把 10 或开 5 次方、或开 10 次方、或开 20 次方、或开 40 次方所形成的数字。以开 5 次方为例，10 开 5 次方后可得到 1.6，以 10 为数列第一项，通过 1.6 这个系数，可以得到 10、16、25、40、63、100⋯。

△ 雷诺数列

# 2 数列营造元素渐变韵律

## ■ 渐变韵律的概念

　　数列，是指连续量值形成的体系，这个量值形成的体系中，各量值之间存在着特定的关联或规律。而渐变韵律则需要构图元素本身的属性（体量、颜色、尺寸等）和元素间距为变量，且量的变化程度是依据一定的规则产生的，由此产生的构图韵律感就是渐变韵律，其中的变化程度就可以用数列去控制，让渐变更加具有韵律感。渐变韵律也可以分为单体渐变韵律和分组渐变韵律两大类，其中分组渐变韵律中包含单体渐变韵律。

## ■ 单体渐变韵律

　　渐变韵律中的渐变关系遵循一定的数理关系，其变量的规则可以是一个固定的增量（比如，1、1+2、1+2×2…），此时遵循了等差数列原理；也可以是倍数关系（比如，2、4、8、16…），遵循等比数列原则。而这个变量可以是元素本身的属性，也可以是元素之间的间距。

　　在间距恒定的情况下，可以对元素的体量进行变化，通过元素自身高度逐个增加 $h$ 来实现渐变韵律，让图形呈现逐渐增长的趋势，且这种趋势十分自然、和谐，显示出直线排列的渐变规律。

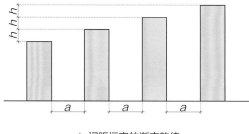

△ 间距恒定的渐变韵律

　　同时，也可以在元素属性不变的基础上，将元素尺度作为恒定值，通过改变间距的方式实现渐变韵律，但间距的变化则可以通过等差数列、等比数列等不同的数列形式来形成不同的效果。

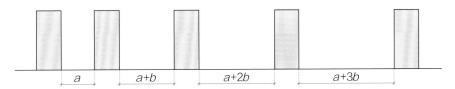

△ 元素尺寸恒定，间距为等差数列的渐变韵律

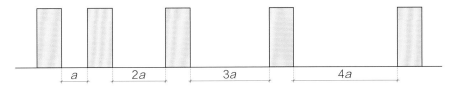

△ 元素尺寸恒定，间距为等比数列的渐变韵律

除了尺寸之外，还可以通过改变元素的其他属性（比如色彩），来产生渐变韵律。在元素尺寸一定时，间距按照等差数列依次递增，产生间距渐变，在此基础上可以改变各元素的色彩属性，使明度从左至右依次变小，即颜色越来越深，此时构图的渐变韵律感进一步加强。

△ 元素尺寸恒定，颜色渐变的渐变韵律

元素形状与间距相同，呈重复韵律关系排列时，按照相同方式自左向右改变元素明度，此时构图关系成为渐变韵律（色彩渐变韵律）。

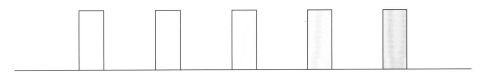

△ 元素尺寸与间距恒定，颜色渐变的渐变韵律

### ■ 分组渐变韵律

元素分组渐变韵律中通常包含单体渐变韵律关系，但存在属性关联的元素视觉通常会将其进行自动分组，并观察分组后的韵律关系，而其单体的关系则会忽略。以下图为例，三个单体元素为一组，每组之间的间距存在着等比数列的关系，各个组里面的单体元素存在着重复韵律，而每个组的单体之间则存在着渐变韵律关系。虽然单体也存在韵律关系，但视觉上却倾向于先将相同且相邻的三个元素进行组合，以组为单位观察组与组之间的等距尺寸渐变韵律。

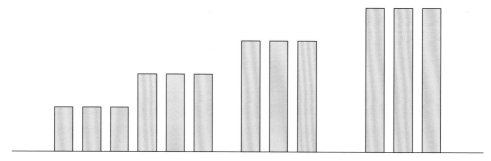

△ 不同属性元素分组，间距递进式的渐变韵律

除此之外，还有一种典型的分组渐变韵律。以下图为例，其基本元素都分为三种，每种有三个，单体元素之间同时存在重复韵律和渐变韵律关系，但视觉上每组间距相等，但组之间的属性存在渐变韵律。

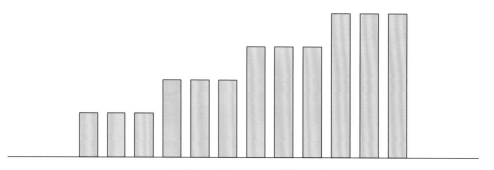

△ 不同属性元素分组，间距相等的渐变韵律

由此可得，分组渐变韵律中的韵律关系同样符合数列关系，同时存在分组渐变韵律的构图中一定存在着单体韵律关系。

## 3 元素韵律穿插

### ■ 韵律穿插的概念

    元素单体渐变与分组渐变韵律都是十分直观的渐变关系，在视觉上可以直接捕捉到渐变的规律，在建筑、室内及平面设计中各种韵律关系都可以反复组合使用。元素的韵律穿插是韵律组合的一种形式，通过穿插不同的韵律关系有时可以产生出新的韵律关系。

### ■ 重复韵律穿插

    两种不同尺寸元素可以形成两组单体重复韵律的穿插结构，其中韵律尺寸、数量和间距都不相同，其穿插后各自仍然保留着原有的重复韵律关系，但是因为相邻的两个不同元素之间的间距因为穿插而使得整个构图产生了新的渐变韵律，以整条线的中心做中线，整个构图呈现出中心镜像对称的关系。

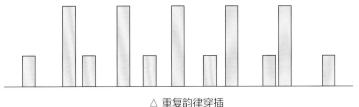

△ 重复韵律穿插

### ■ 渐变韵律穿插

    当每组的元素尺寸与间距都存在不同的韵律关系，且两组韵律关系的渐变方向一致时，那么两组元素穿插就能够产生相邻（不同属性）元素间新的间距渐变韵律。

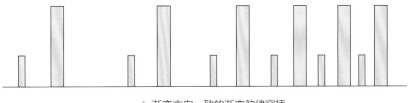

△ 渐变方向一致的渐变韵律穿插

即使两组不同属性元素，也存在间距渐变韵律，但是两组元素的渐变韵律方向相反，这时两组合并，并未产生新的韵律关系，甚至各组自己的渐变韵律关系被减弱了。

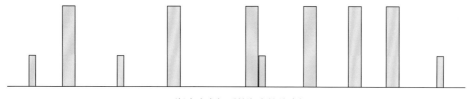

△ 渐变方向相反的渐变韵律穿插

由此可知，单体韵律穿插的基本类型和特点如下：

① 重复韵律穿插，保留重复韵律关系的同时产生了新的渐变韵律关系。

② 渐变韵律同向穿插，保留渐变韵律关系的同时产生了新的渐变韵律关系。

③ 渐变韵律反向穿插，原有渐变韵律关系被削弱，且一般不会产生新的韵律关系。

除此之外，组合韵律也可以存在穿插关系，以下图为例，白色元素是分组数量渐变韵律，而黑色元素为单体间距渐变韵律，两组穿插组合后可以形成重复韵律的构图。

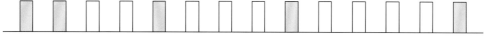

△ 组合渐变韵律穿插

由此可以得到一定的规律。

① 元素韵律穿插可以是重复韵律间的穿插、渐变韵律间的穿插、重复与渐变韵律间的穿插，甚至是分组韵律间的穿插。

② 穿插过程中重复与渐变韵律能互相转换。

③ 韵律方向一致的穿插使原有韵律关系可以进一步增强。

④ 韵律方向相反的穿插使原有韵律关系被削弱，产生"无序中蕴含有序"的构图效果。

# 14. 对称均衡与非对称均衡

## 1 对称均衡

### ■ 对称均衡的概念

对称和均衡，其概念不同，但具有内在的统一性，比如稳定，因此对称和均衡对建筑、室内及平面构图都有重要的作用，也是构图基础。对称是指物体、形态的构图关系沿中心或中心轴对立的两部分在大小、形状、数量、色彩、排列方式等属性上具有一一对应的关系，也具有前文所说的 1∶1 比例关系。对称的概念早在建筑与视觉艺术产生前已被人们所认知，比如，人的身体和面部器官沿过鼻尖与肚脐的垂直向轴线分为左右两部分，两部分基本相同，这就是人体的对称。

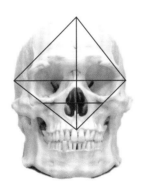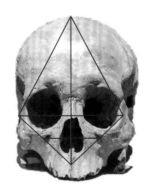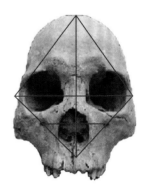

△ 世界各个人种在各个时期人头骨头的对称性对比

其实，在西方建筑和中国传统建筑中，都讲究中轴对称的关系，也就是说建筑中对称关系的出现是有其必然性的，建筑的稳定性也绝非只是视觉效果，对称在建筑基本三要素（形式、结构和功能）中都发挥着重要的作用。在结构上，对称的结构是最稳定的结构形式，在功能与空间需求上，规整对称的平面使其空间的布局上更加合理，能够满足人们的种种需求。在形式上，对称能从视觉上带来稳定感，而且在人的视觉上认为美的形式通常也都体现出对称的属性。

对称也有多种形式，总体上可以分为平面对称（二维对称）和空间对称（三维对称），同时又可以分为镜像对称、平移对称、旋转对称、对角线对称、螺旋对称以及组合对称这六种类型。具体的分类和应用在本书的第 39 页有所体现。对称在建筑、立面设计以及平面布局中都有着实用价值。

## ■ 对称的设计步骤

### ① 划定视平线

　　对于对称性，最先需要的就是使视觉感到平衡，所以在第一步就需要找到"视平线"，也就是"看"物体的高度。

△ 找到视平线

### ② 找出视觉重心

　　视觉重心是指人的视线所及，画面中所有物体的整体重心点。而且视觉重量则是指单一物件本身的物质重量、色彩和形状。找到视平线后，再从中间均分，就出现"重心点"，因此对于视觉重心，必须达到两边平衡。

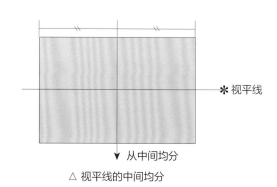

△ 视平线的中间均分

### ③ 找出视觉稳定的重心

　　视觉重心分为高重心和低重心两种。对于高重心，因为超过视平线高度，所以容易产生垂直旋转的失衡感，这种特殊性使得高重心经常出现在通道、门或窗等的设计中，或者是运用在室内对户外所要表现的关系上，例如高于视线的高窗。而低重心则是指低于视平线高度，会给人稳定的感觉，因为人眼寻找低重心的速度比高重心快，所以低重心在设计上很容易运用，而且横向越宽，视觉感觉越稳定。

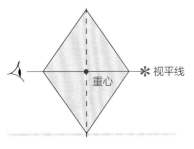

视觉重心

视平线

均分线

△ 视觉重心的位置

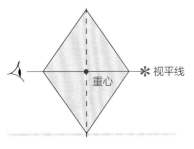

视平线

重心

△ 重心与视平线等高，给人平衡、均
匀的感受

视平线

重心

△ 重心低于视平线，给人稳定、安全
的感受

视平线

重心

△ 重心高于视平线，给人失衡、旋转
的感受

④ 形体、色彩、性质的完全对等

性质其实更多的是在讲形体彼此之间的同质性，比如将一个实物简化成点，经过虚化后，其本身就是对称的。

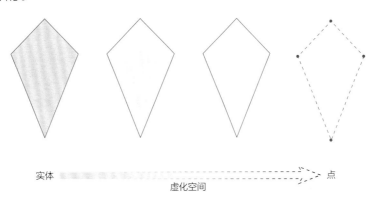

实体

虚化空间

点

△ 实物虚化成点的过程

形体的对称主要包括两者的间距、形体的同等性以及形体的分布。形体的分布实际指的是当设计从一个完整的"大块"虚化成为虚体时，需要在微小空间中先取得对称，再从宏观上看两个形体分布的大对称。

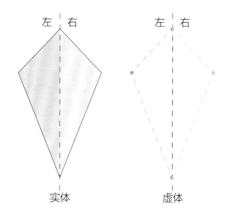

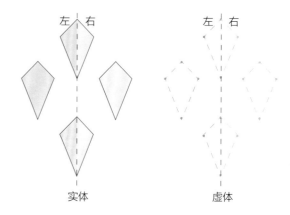

△ 单一个体，无论虚实其本身都是左右对称的

△ 当这些单一个体一起组成一个分组时，在其个体形体对称后，其分组也要整体对称

　　同时色彩也要从明度、彩度、颜色、相对位置等方面要完全一致。

## 2 非对称均衡

### ■ 非对称均衡的概念

　　除对称以外的所有构图形式都可以称为非对称构图，非对称均衡就是既拥有"稳定感"又不完全对称的形式。维特鲁威在《建筑十书》中曾提到过均衡的概念，均衡与对称是相对应的，视觉要素中一切合理的和"美观"的构图形式都属于均衡形式。对称，在理论上也属于特殊的严格意义的均衡，是要求同质、同形、同量，是绝对的平衡。均衡，则是普遍存在着的自然的常见的平衡，它可以异形同量，甚至异形异量，上下或左右两部分形体不必等同，量上大体相当，或差异悬殊，然而，必须在人的视觉心理上均势平衡。

以上都是从客观上所讲的均衡，但是人的视觉中也是存在均衡的。比如世界名画中 90% 以上都是具有均衡的作品。而影响人视觉均衡感的主要因素有质量、数量、色彩、远近以及体量。在视觉心理上，大的重于小的，色彩艳丽的重于灰暗的。

△ 视觉上的非对称均衡

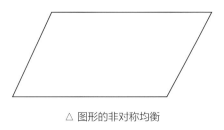

△ 图形的非对称均衡

## ■ 非对称均衡的体现

### ① 体量均衡

　　在形态上非对称可能会存在比较大的差异，但是体量从视觉感受上可以做到基本的均衡。找到物体的重心，就可以达到稳定感。重心是指物体质量的中心，以垂直线对分物体，可在此线上找到重心。

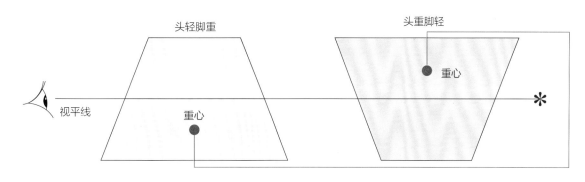

△ 重心与视平线的位置关系

## 3 步找到重心

当物体形状不规则时，其重心的位置很难找到，可以通过 X、Y 与 Z 轴来找到重心。

### 第❶步：用 X 轴对分物体

用 X 轴（即视平线）切过去后，可以判断出形状是头重脚轻，还是头轻脚重。

### 第❷步：找到 Y 轴

若物体的形状非常不规则，在 X 轴切分之后，再用 Y 轴（垂直）中分，观察是左边大，还是右边大，重心就在面积最大的区块中。

### 第❸步：Z 轴判断厚度

Z 轴代表的是物体的厚度，观察其厚度，再确定重心的位置。

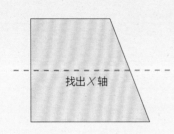

找出 X 轴

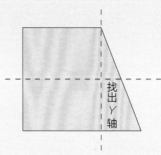

找出 Y 轴

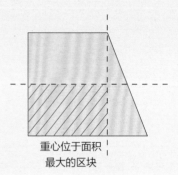

重心位于面积最大的区块

体量上的均衡与物体的体积和形状相关，但当体积和形状都不同时，除了寻找重心外，还需要通过密度来达到平衡。简单来说，密度大的物体，体积要小一点，密度小的物体，体积要变大。而且还要想办法将两个不同体积和形状的物体处于视觉中心点，才不会让整体画面产生旋转感。以下图为例，左侧大物体 A，为了与其达到平衡，在右侧相对要调整成两个小物体 B。

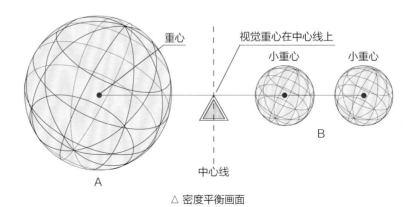

△ 密度平衡画面

除此之外，物体之间的距离也对体量的均衡有所影响，在体积、密度等都不同的情况下，想要达到视觉均衡，就需要找到合适的距离，尤其是完美找到两个物体间的视觉杠杆距离。先要定位视平线的视觉重心，并以此为基准，把两个不同的物体放上去，再去调整两者之间的杠杆距离，但是这种距离不能太远，要在视线范围内。

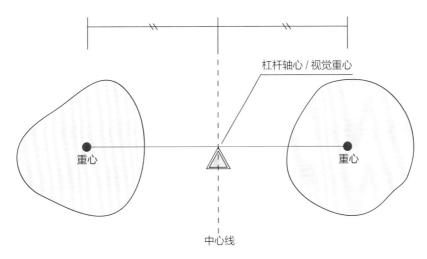

△ 在体积、密度等不同的情况下，两个物体应有的杠杆距离

## 3 步找到正确的视觉杠杆距离

当物体形状不规则时，其重心的位置很难找到，可以通过 $X$、$Y$ 与 $Z$ 轴来找到重心。

**第❶步：找出视平线**

**第❷步：在离中心线等距的位置放入不同物体**

**第❸步：移动物体找到符合视觉中心平衡的位置**

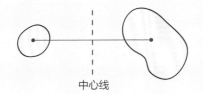

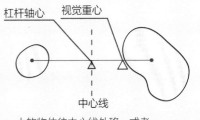

小的物体往中心线外移，或者大的物体往中心线内移

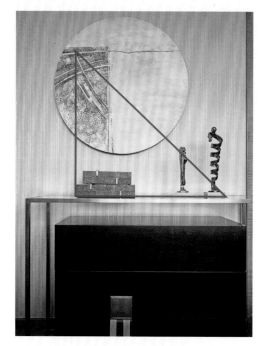

△ 体量不同的数量均衡

② 数量均衡

在两个物体中间，确定好中心线作为视觉假定轴线，左右两侧虽体量差异明显，但两部分某一特质数量相同，也可以达到一定的均衡效果。但是从视觉上数量相同或相似产生的均衡效果不明显。

③ 质量均衡

视觉上对质量的感觉主要来自材料和色彩，甚至连阴影都对其有一定的作用。

不同色彩会带给观察者不同的心理感受，色彩的色相与明度差异可以带给人不同的质量感。比如，色彩越深，在视觉上感觉越重，浅色代表轻，两者相对应时，浅色系面积要大，深色系面积要小。色彩的重量比可以从白到黑的中间的基础色，依据材质不同、颜色深浅不同来排列。

重 ⟶ 轻

△ 颜色深浅在视觉上的重量对比

同时，阴影其实也变相表达出了色彩中的"暗色"，也有加重重量的表现。阴影一般出现在两种情况下，一是灯光创造出的阴影，二是具有凹凸造型的位置。阴影本身就容易在视觉上加重物体的重量，因此其大小会影响到构图的平衡。比如，离人近的物体比较重，因为阴影比例比较多；反之，可以通过增加阴影的大小来带动轻物体的重量感，加强视觉平衡。以下图为例，A 的体量较大，B 的体量较小，可以通过削薄 A 的厚度，增加 B 的厚度，来分别减弱 A 的阴影面积，并增加 B 的阴影面积，以此来平衡两边的重量感。

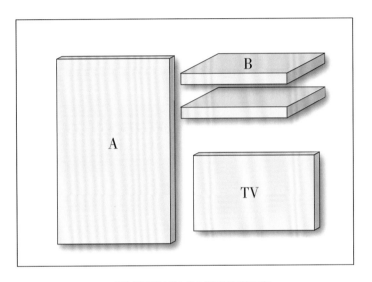

△ 通过阴影的增加和减弱来调节平衡

　　材质也具有视觉上的重量感，相同体积的金属比石块重量大，石块又比木材重量大，这是基于人们对于材质密度的经验所形成的固有印象。同时，因为同体积固体比液体的重量大，因此人们会认为不透光的材质比透光的材质重量大，虽然这种心理感觉有时是错觉（例如玻璃的密度要大于多数木材），但却是人真实的视觉感受。

重 ——————————→ 轻

△ 颜色深浅在视觉上的重量对比

除了本身材质表面肌理的重量感外，利用二次肌理的也能在视觉上减弱或者加重重量感。元素是物体本身的表面肌理，而形态则是赋予物体二次肌理，用不同的组合形式，使物体所呈现的表面肌理和组合出的二次肌理相辅相成。以下图为例，整面的木材其重量感很重，但错落有序的木条则增加了轻盈感。

◁ 整面木材效果

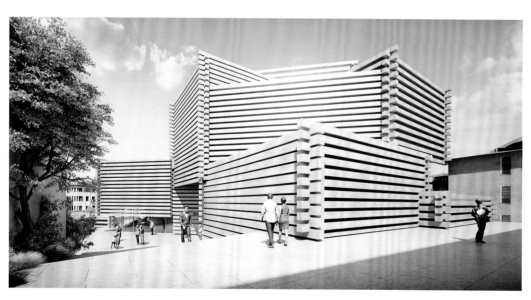

◁ 木条排序效果

设计中的比例密码：建筑与室内设计

由此可知，线条的紧密或疏松对重量感也有着较大的影响，线条的宽窄不同，其产生的密度也不同，当这些密度形成重量时，视觉上的重量感也有了区别。线条密度越高，视觉感越重，越宽松就感觉越轻。比如做格栅或者扶手时，是纯粹用线条去累积的，格栅越密，视觉感越重，即使一个构图画面设计成两种线条密度各占1/2，密度高的一边也会较重。当两边线条不同宽度时，视觉重心会偏向线条密的，否则视觉重心会有所偏移。若是垂直切割，垂直线条越密，就感觉越重。若是曲面线条，在曲面位置安排的线条越密（相对非曲面区），会觉得曲面面积越大或越深邃。

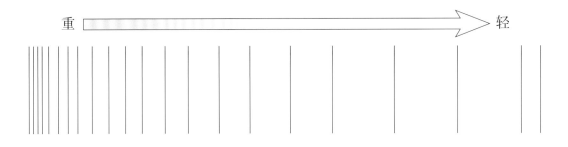

△ 垂直切割

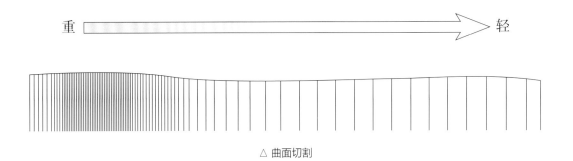

△ 曲面切割

　　基于多重影响因素，互相影响视觉，才有了重量均衡的概念。在建筑设计中，当构成体块的体量与数量都有差异而又希望达到构图均衡感时，可以采取重量均衡的构图手法。

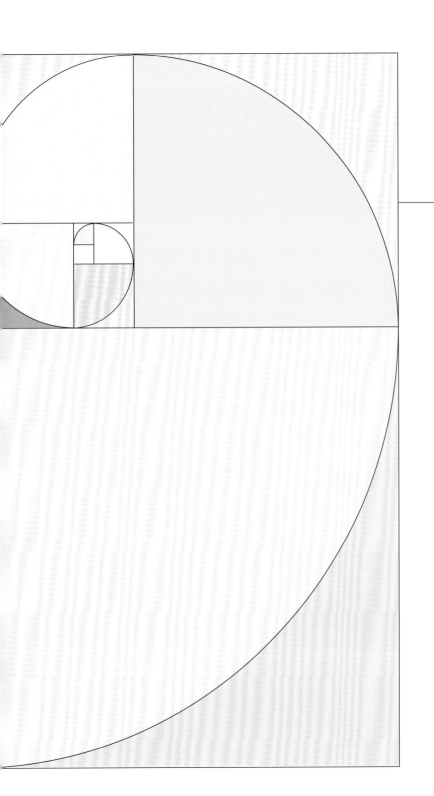

2

第二章

# 比例设计技巧

# 1. 帕特农神庙

帕特农神庙是多立克柱式神庙，坐落于希腊首都雅典的阿克提半岛，兴建于古希腊政治和经济最繁荣的古典时期，被誉为世界七大奇迹之一。神庙正立面打破传统的 6 根列柱的惯例，采用 8 根柱，多立克柱的形式彰显了阳刚之美，其大量的运用也反映了多立克柱式走向古代规范的总趋势。在帕特农神庙中无论是山形墙、楣梁还是柱的位置都符合一定的比例关系，极有可能在建造之初就是遵循着这些比例关系去设计的。

山墙

柱

中楣

楣梁

台基

# 1 黄金分割比（长高比）

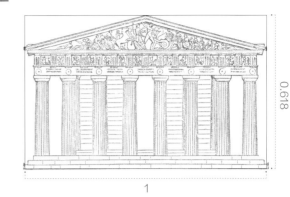

帕特农神庙正立面的长和宽完全符合黄金分割比的关系。如图所示，可以将神庙的长视为 1 个单位，那么神庙的高则为 0.618 个单位，长：高 =1：0.618。

△ 帕特农神庙中的黄金分割比

## ■ 长高比为黄金分割比在古建筑中的应用

黄金分割比当时深受欧洲人的喜爱，不仅是帕特农神庙，在当时的很多建筑都使用黄金分割比，从理性的角度让建筑变得更加具有美感。比如德国黑森州的林堡大教堂的西侧立面等，被誉为"神圣比例"的黄金分割比一直被反复使用。

△ 德国黑森州的林堡大教堂

### ■ 长高比为黄金分割比在现代建筑中的应用

在现代建筑中，也经常使用黄金分割比，像柯布西耶所设计的联合国大厦，就处处充满了黄金分割比。从大厦的正面来看，有四个带状结构将建筑分成了三个矩形，三个矩形从上到下分别占 10 层、11 层和 9 层，虽然大小有一点差异，但是这三个矩形都近似为黄金分割矩形，其和黄金分割矩形的误差都在 0.9% 之内，差异很小。这种误差在建筑中是可以理解的，毕竟黄金分割比是无理数，而建筑师面临的却都是许多整数的元素，比如楼层数和窗户数量。而且建筑必须是标准尺寸，像中国就是以 1m 为单位的建筑模数。

除此之外，建筑立面细节上也体现了黄金分割比，将黄金分割的设计原则贯穿始终。在大厦正门的位置，正门两边的立柱位于从大门中间点到大门边缘的黄金分割点上。而入口中央区域左右两边的入口是黄金分割矩形，其中央入口左右两边的门也是黄金分割矩形，中央的落地窗与两边的入口形成的矩形拥有黄金分割的比例关系。同时带状结构部分的开窗也是一系列的黄金分割矩形，并且带状结构本身就是在两个黄金分割点的位置上构建的中央小窗。

△ 联合国大厦

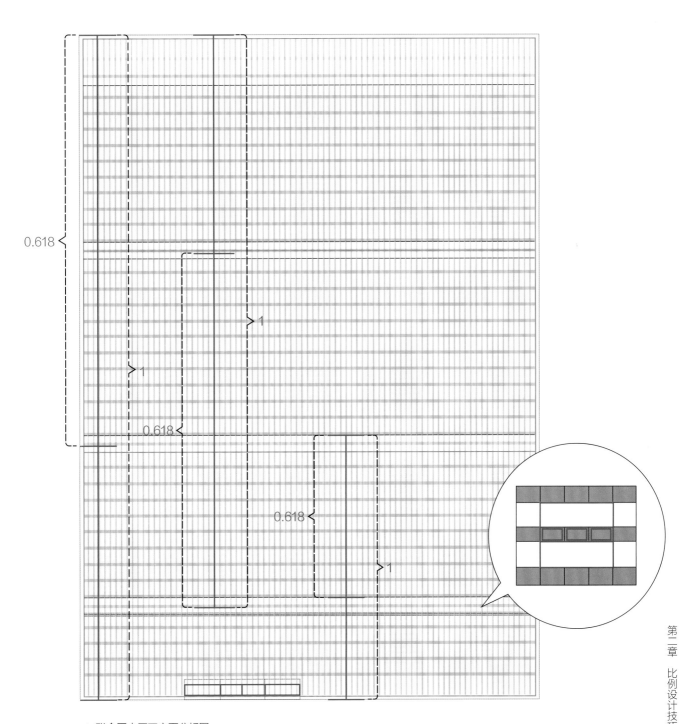

0.618

0.618

0.618

1

1

1

△ 联合国大厦正立面分析图

### ■ 长高比为黄金分割比在室内空间的应用

　　室内设计中使用黄金分割比的位置也不比建筑中少。如在一些室内墙面中，整个墙面的长宽比采用黄金分割比，再辅助用一个长宽比同为黄金分割比的挂画，放置在墙面的黄金分割线的位置，重复强调了黄金分割点的位置，让视觉中心更加明确。

△落地的挂画为单调的墙面减少了空白，点缀整个空间

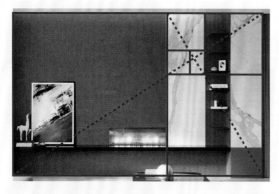

△ 全屋定制整面柜体的分割依照规律进行分隔，有空格，也有柜门，有凸起，也有凹进去的位置，错落有致

　　提到室内设计，就不得不提到全屋定制。全屋定制的柜体可以说是最容易，也是使用黄金分割比最适合的位置。利用黄金分割比可以确定很多柜体隔板的位置，让定制的整个墙面柜体有留白，也有收纳功能的位置，整体看起来和谐、美观。

# 2 黄金分割矩形的无限分割

　　帕特农神庙的正立面符合多重黄金分割矩形的比例关系，其中楣梁高度、中楣高度以及山形墙的高度都与多重黄金分割矩形中的线条重合。

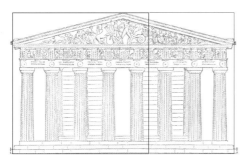

第一级黄金分割矩形以正方形的边线确定了第五个柱式的边缘

·

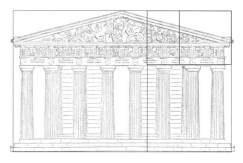

将第一级黄金分割矩形中的小矩形，也就是第二级的黄金分割矩形进行分割，以此分割线确定了楣梁的高度

· ·

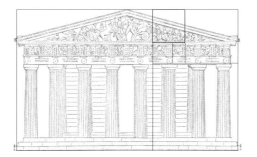

再用同样的手法，将第三级黄金分割矩形进行重复的两次分割，可以得到山形墙的高度

· · ·

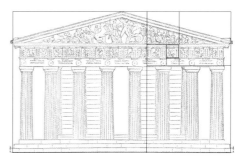

再重复分割两次，也就是在第六级黄金分割矩形中就能得到中楣的高度

· · · ·

△ 帕特农神庙中的多重黄金分割矩形

第二章　比例设计技巧

091

### ■ 黄金分割矩形无限分割的规律在现代建筑中的应用

　　黄金分割矩形在建筑中的使用频率很高，像密斯·凡·德·罗这种设计大师也将其使用在住宅设计当中，并命名为范斯沃斯住宅。整栋住宅充满着现代主义造型元素，其支撑的立柱和沿视线延伸的窗户形成了一种韵律感，由于建筑是通过钢柱支撑在地面之上的，所以水平面在空中产生了变化和重叠，建筑仿佛飘浮在空中。

从住宅的南立面来看，每根立柱的空间都是由黄金分割矩形组成的，屋顶的左右两侧挑出了部分构造以及小块玻璃窗的窗块的大小，与被第三次分割后的正方形边长一致，可以说立面都是由黄金分割矩形组成的。

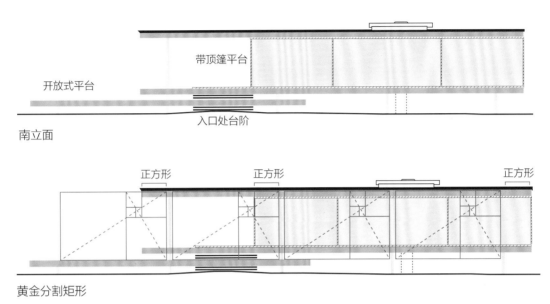

△ 南立面图中的黄金分割矩形

与此同时，立面图中的大块玻璃都是由一系列的正方形构成的，每个窗块由两个正方形构成，而两侧多余出来的部分则刚好为正方形一半的边长，也正好与上述黄金分割矩形被第三次分割后的正方形边长一致。

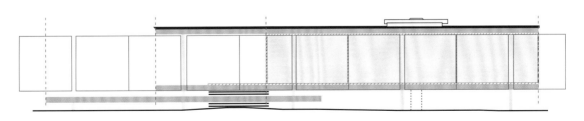

△ 南立面图中的正方形

## ■ 黄金分割矩形无限分割的规律在室内空间中的应用

多重黄金分割矩形可以重复分割同一造型，选择不同层次里的黄金分割线来分割物体，这种形式更加适用于较为复杂的墙面或者柜体造型中，也因此在柜体设计中更为常用。

做墙面定制柜的时候，整面定制柜容易给人压抑感和拥挤感，适当的留白能够增加想象的空间。于是定制柜的大小就值得斟酌了，本例以墙面高度为准，在墙面上以长：高 =1：0.618 的公式推导出定制柜的长度，并在黄金分割矩形的多种分割线中找出符合用户需求的格子长度，重复这个长度进行分割，即可得到定制柜整体的设计。还可以在得到的参考线上进行变形，比如若是 $X$ 的高度过宽，压缩柜体的使用面积，就可以将其拆分成两部分来分割柜体。

△ 大面积的柜体增加了客厅空间的收纳面积，针对有囤货需求的时期，是十分适用的

设计中的比例密码：建筑与室内设计

电视背景墙也为黄金分割矩形，整个面可以看作被不同节奏的隔板分成了两部分，墙面根据不同的高度去区分两个形状，而非直接的竖线分割，让设计看起来更加开阔、自由，横向上也更加通畅，没有隔断的感觉。

△ 在墙面不够宽的情况下，竖线直接分割黄金矩形，会让整个墙面更加闭塞，现在的处理方式会更加开阔一些

黄金分割矩形还可以和其他特殊矩形混合使用，以下图为例，左侧的墙面加上走廊形成了黄金分割矩形，而左右侧的石材墙面加上走廊则为 2 : 1 矩形。黄金分割矩形中左右均可得到一个正方形，像图中两个正方形的边线，一个是木色开放格的边缘，一个是石材开放格的边缘。以边线做辅助线，倒推开放格的宽度，配合材质搭配上的处理，就能得到具有节奏和韵律感的造型。

△ 中间虽然空出了走廊，但是石材给了墙面延伸感，即使被隔断，也让横向上的空间感很强，视觉上空间很大

# 3 动态黄金分割矩形

　　动态黄金分割矩形也是从黄金分割矩形演变而来的，帕特农神庙的正立面中两侧的第二个柱子和动态黄金分割矩形中的线条重合，而且楣梁的高度也和线条一致。

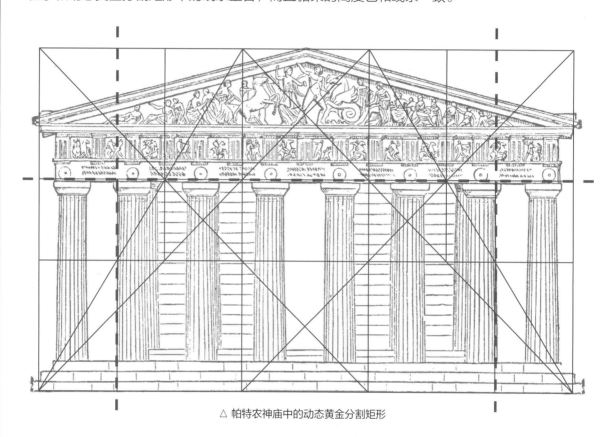

△ 帕特农神庙中的动态黄金分割矩形

## ■ 动态黄金分割矩形在室内空间中的应用

　　这也就是说，在遇到需要造型的平面上时，都可以参考动态黄金分割矩形中的各种线条，让设计有理可循，不为新的灵感而发愁。动态黄金分割矩形中线条更为复杂、多变，有时只需要其中的几个线条即可，如果使用较多的情况，不建议做立体的造型，立体的造型会影响其实用性，做类似拼缝的形式，仅起装饰作用。

根据动态黄金分割矩形中正方形的划分线，可以确定出整面墙体中，左右对称的柜体宽度，以及柜体当中的层板位置。

△ 高低高的柜体形式是常见的整面柜的设计方式，相比于整面满柜的形式，空间会更加具有空气感和流动性，不会过于死板

△ 对于整面柜体，在设计时需要考虑到开放格与柜门的搭配问题，若全是开放格难免会显得凌乱，若是全柜门，则设计也会稍显单调，可以参考动态黄金分割矩形中的分割线对其分布进行设计，让整个定制柜满、空有序

第二章 比例设计技巧

097

　　帕特农神庙的主体是由三阶台阶、柱、楣梁、中楣和山形墙几个部分组成的，其中楣梁、中楣和山形墙的高度都通过黄金分割比确定了，剩下就是台阶和柱的尺寸。其柱子主要是由柱头和柱身组成的。若设整柱的高度为 $H_2$，柱身高度为 $H_1$，山形墙到台阶上侧的高度为 $H$，第一层台阶宽度为 $L_2$，第三层台阶宽度为 $L_1$，经过测量发现，这些尺寸之间都蕴含着 $\sqrt{5}$ 的比例关系，如 $H_1:L_1=H_2:L_2=1:(\sqrt{5}+1)$，而 $H:L_1=1:\sqrt{5}$。

　　甚至神庙的主体平面的开间与进深比也就是 $A_2:B_2$ 也满足 $1:\sqrt{5}$ 的比例关系，且内部空间的前后两部分的进深比也就是 $A_1:B_1$ 同样满足 $1:\sqrt{5}$ 的比例关系。

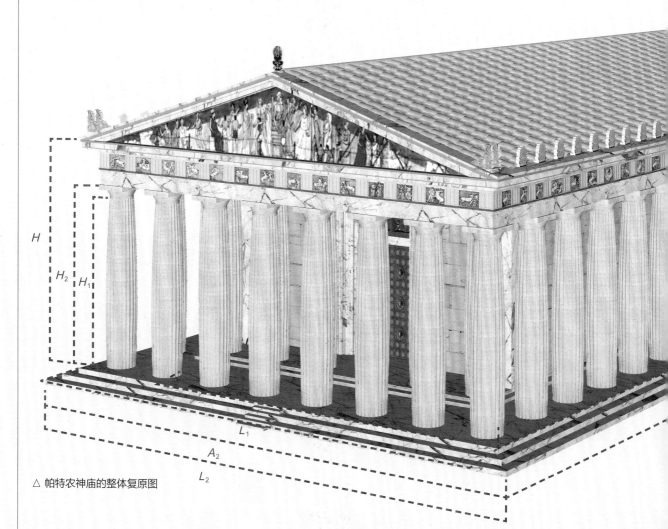

△ 帕特农神庙的整体复原图

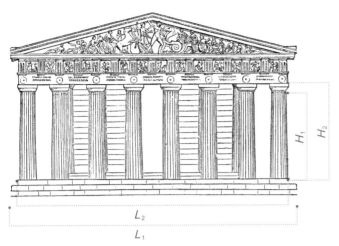

△ 帕特农神庙中的√5∶1比例

$\sqrt{5}$∶1 在西方建筑设计中是一个十分常见的比例数据，在需要做隔断的时候，可以有意识地将隔断做成 1∶$\sqrt{5}$ 或者 1∶（1+$\sqrt{5}$）等与 $\sqrt{5}$ 相关的比例，这样使隔断除了具有遮挡视线的作用外，还增加了装饰性。也可以在做两种材料的拼接设计时，将两种材料按照类似的比例进行分割。

### ■ $\sqrt{5}$∶1 在室内空间中的应用

本例中墙面的长度过长，如果通长使用同样的材质会让空间显得单调、无趣，而正对着沙发的位置最好使用白墙或柜体，方便安装投影仪或者电视，那么这段距离在设计时就可以用墙面的高度为固定值，以高度 $H$∶长度 $L$=1∶$\sqrt{5}$ 的比例关系去设计这面柜体的长度。

△ 镜面反射出餐厅的背景，也反射出顶面上的材料和结构，这样使得餐厅的部位无论是在纵向还是横向上都有延伸感，从视觉氛围上区分了客厅和餐厅的范围

第二章　比例设计技巧

099

在遇到根号矩形时，可以灵活使用平方根等分律，如 $\sqrt{5}$ 矩形，就可以将室内墙面或者柜体等分为五份，每个小矩形的长宽比依旧为 $\sqrt{5}$：1。以下图为例，墙面通过极细金属条来分割墙面，上下两侧还加入了两条金属条，让硬包的造型更加丰富。

△ 餐厅空间比较小，8 人的长桌椅已经占了很大一部分面积，因此墙面的造型越简单越好，如此才不会显得空间拥挤

在电视背景墙中将大的 $\sqrt{5}$ 矩形进行了 5 等分，将大的 $\sqrt{5}$ 矩形分成了 5 个小的 $\sqrt{5}$ 矩形，出就形成了双开的柜门。同时上下根据电视的悬挂高度分为两层，中间空出的距离做空位，给整面电视柜更多的空间，否则整面封闭会显得十分拥挤。

▷ 电视柜左右两侧的开放格做了不对称的布局，让整个对称的电视柜中有更多的形式

## ■ $\sqrt{5}$：1 在现代建筑中的应用

$\sqrt{5}$：1 应用在现代建筑中会呈现出比较长的条形形态，不过除了矩形外，还可以利用 $\sqrt{5}$ 矩形做辅助形状，在其范围内引入曲线的形态，像右图所示的帆板、帆船酒店俱乐部，就为了让建筑融入沙滩的环境中，加入了曲线形，形态上融入了轻风、快艇的动态表现，与酒店的主题十分搭调。

建筑当中有 5 个 $\sqrt{5}$ 矩形，如建筑的外轮廓矩形 EFGH 就是 $\sqrt{5}$ 矩形，同时三个曲线形也与 $\sqrt{5}$ 矩形相关，曲线形 1 是内接 $\sqrt{5}$ 矩形，而曲线形 2 和 3 则是外接 $\sqrt{5}$ 矩形，且其三者的间距比相当于 $XY : YZ = \sqrt{5}$：1。设计中比例作为一定的参考，可以让建筑更加具有韵律感和节奏感。

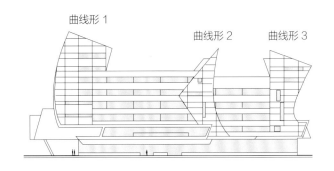

△ 帆板、帆船酒店俱乐部的侧立面图

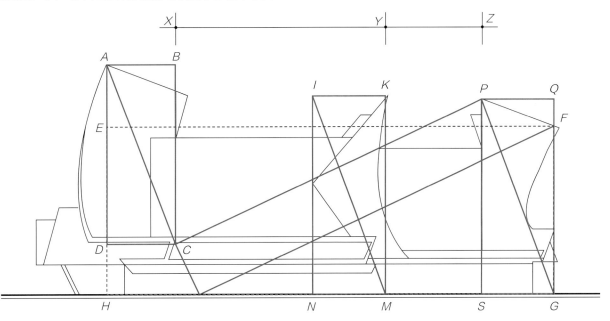

△ 帆板、帆船酒店俱乐部的侧立面分析图

从帕特农神庙的立面图中还隐含着维奥莱·勒·迪克发现的埃及等腰三角形比例关系，当等腰三角形的顶角顶点与神庙立面三角墙的顶角顶点重合时，等腰三角形的两个底角顶点恰巧与平台地面的顶点重合。而且神庙立面上的第三与第六根柱的中轴线将等腰三角形的底边四等分。

埃及等腰三角形的底边与高的比例为 8：5，边长为 $\sqrt{41}$ 或稍大于 6.4 个单位。而帕特农神庙立面中的三角形的三条边都是无理数，虽无法用测量方法得出，但这种比例关系却符合减重的中轴对称的稳定关系。在一些其他建筑或者室内设计中，不管是立面设计还是墙面设计，都可以遵循这种三角形的比例关系进行设计。

## 埃及等腰三角形在现代建筑中的应用

在苏州博物馆的正立面当中就可以看到，建筑设计中运用了多个三角形，其中两个最为明显的顶点与对应的底边相连，分别可以得到一个等腰三角形。红色三角形当中，建筑的折面棱线与埃及等腰三角形中的竖线属性相同，将三角形的底边四等分。黄色三角形当中则是将落地窗四等分。

▽ 苏州博物馆是贝聿铭乡愁的现代主义表现，建筑中充满了几何图形的堆砌，同时让钢结构、玻璃等现代材料与中国庭园景色融合到了一起

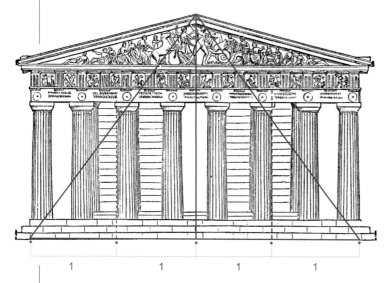

1 1 1 1

△ 帕特农神庙中的埃及等腰三角形

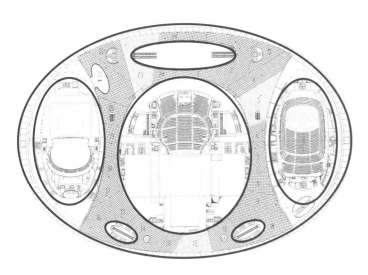

△ 国家大剧院平面图

除了埃及等腰三角形外，还有其他的特殊几何形体，比如椭圆形。椭圆形有时会很直接地应用在建筑、室内设计或者家具当中，如中国的国家大剧院外观就呈现出椭圆形。国家大剧院是由法国设计师保罗·安德鲁设计完成的。其体量巨大，占地 11.89 万平方米，主体建筑 10.5 万平方米，建筑采用钢结构整体形成一个半椭圆体，立面和水的倒影共同构成了一个完整的椭圆形。

在平面上也蕴含着许多椭圆形，整体的造型类似于黄金分割椭圆形，不同大小和比例的椭圆形互相呼应，形成了整体的平面布局。

第二章　比例设计技巧

## ■ 等边三角形在现代建筑中的应用

　　除此之外，等边三角形也是建筑中经常使用的几何图形。如建筑大师贝聿铭对几何建筑块体的组合运用就极为熟练且有创新性。在为卢浮宫做扩建工程时，就使用钢结构做支撑的巨大玻璃金字塔，在周围都是古典建筑的环境下，刻意抽离繁复样式，极致简化成精确的原型，以纯粹的形体去追求永恒不变的原则，如此才足以匹配周围环境，同时十分具有现代感。

　　与玻璃金字塔相似的是，香港中银大厦也采用了等边三角形的元素，但建筑所表达的理念和形态则完全不同。中银大厦采用了三角形堆叠的手法，创造出了非常精确而干净的立面。其外形整体来看像柱子一样节节升高，象征着力量、生机和进取的精神，建成时是全亚洲最高的建筑物。而且大厦由四个不同高度结晶体般的三角柱身组成，呈多面菱形，好比璀璨生辉的水晶体，在阳光照射下呈现出不同色彩。

△ 香港中银大厦

▽ 卢浮宫外的玻璃金字塔

## ■ 椭圆形在家具中的应用

椭圆形在家具中运用最典型的莫过于埃罗·沙里宁的郁金香椅。埃罗·沙里宁对简洁和一体化造型比较应景，在设计郁金香系列家具中投入了对有机整体性造型的热爱，其中郁金香椅侧视图和正视图都吻合黄金分割比。

椅子正视图中的黄金分割矩形可以分解成上下两个有所重叠的正方形，底部的正方形与椅垫相交，顶部的正方形与底座和椅座的交接处相交。底座的弧线与黄金分割椭圆形的比例相近，椅座和底座的椭圆形弧线也与黄金分割椭圆形比例一致。

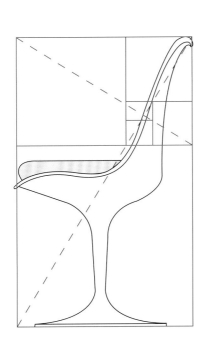

△ 郁金香椅的侧视图

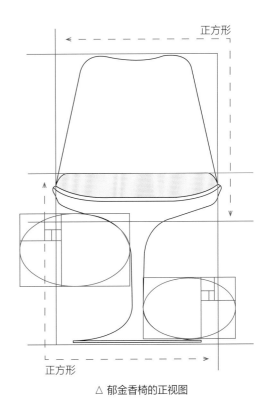

正方形

正方形

△ 郁金香椅的正视图

## 6 柯布西耶辅助线的组合应用

以帕特农神庙为例，简单分割的辅助线，可以决定高度及宽度的比例，并能明确柱子的放置位置，以及柱子与外立面的比例。建筑物外立面符合黄金分割矩形比例，对角线与中线交叉点即楣梁所在的位置。

柯布西耶辅助线有多种形式，如弧线、三角形、四边形、平行关系、垂直关系等，都可以为建筑、室内空间、家具等的分隔提供设计依据，给设计增加了合理性的同时，也显得十分美观。

### ■ 辅助线在室内空间中的应用

室内空间中大部分的分割都会采用垂直的关系，合理寻找其中线条之间的关系，可以让空间变得更加协调、美观。如下图所示，壁炉的整体墙面是一个大矩形，将矩形的长边进行黄金分割，成为两个矩形，整体矩形的对角线与小矩形的对角线形成了垂直的关系。

▽ 欧式风格的室内空间中常常会涉及壁炉，而壁炉的存在感可强可弱，在墙面面积小的情况下，壁炉也应设计得较小，否则会显得空间过于拥挤

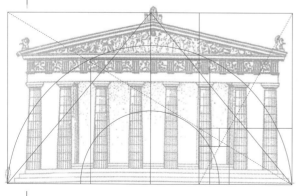

△ 帕特农神庙中的辅助线

柜子的整体矩形对角线和以开放格为分隔的小矩形的对角线的延长线呈垂直关系。

△空格在设计中没有实际的作用，但能够丰富单调的墙面，比起死板的均分，带有随机感的空格形式会让墙面更加具有层次感

△开放格在柜体当中会经常使用，能够给柜体增加造型感，也不会过于复杂，还能增加空间整体轻松、自在的氛围感

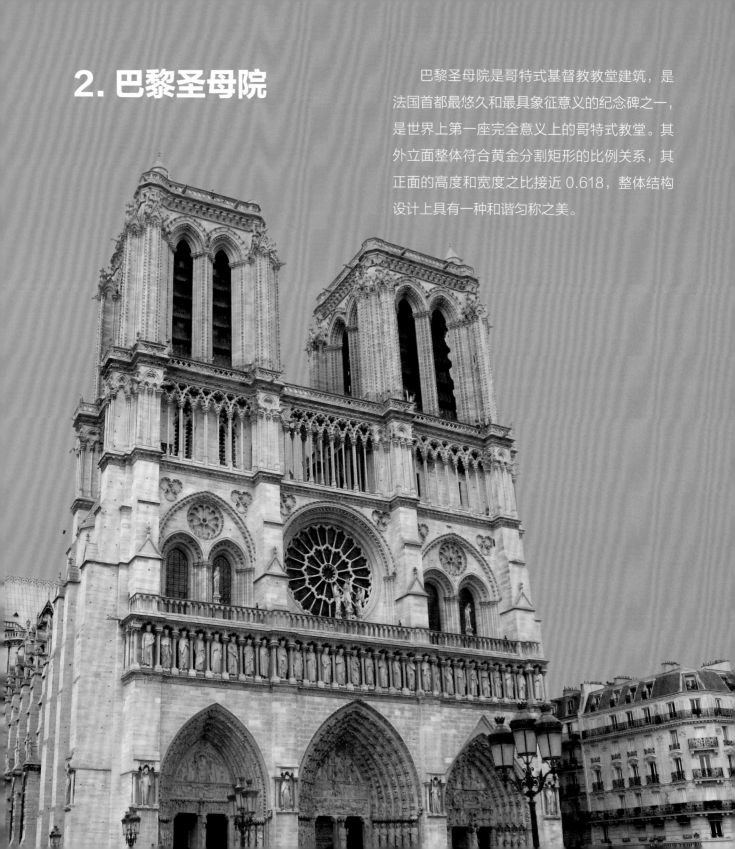

## 2. 巴黎圣母院

巴黎圣母院是哥特式基督教教堂建筑，是法国首都最悠久和最具象征意义的纪念碑之一，是世界上第一座完全意义上的哥特式教堂。其外立面整体符合黄金分割矩形的比例关系，其正面的高度和宽度之比接近 0.618，整体结构设计上具有一种和谐匀称之美。

▽ 巴黎圣母院中的黄金分割比

巴黎圣母院的正面是一个竖向的黄金分割矩形，该矩形的黄金分割线确定了楼主体的高度，同时在这个正方形中，除去柱子的部分，还包含六个同等大小的黄金分割的小矩形。同时在上方的三个矩形中可以看到，三个矩形的黄金分割线和栏杆的底边重合。这种小矩形外套大矩形的方式既肯定了整体轮廓，也确定了内部的大体结构。

这种小矩形外套大矩形的形式，在一些建筑中时常使用，同时一些室内背景墙做造型时也经常参考这种形式。

## ■ 黄金分割比矩形在现代建筑中的应用

现代也不乏使用这种矩形关系的建筑，伊利诺伊理工大学中就运用了很多大大小小的黄金分割矩形，尤其是其中的小教堂。密斯凡德罗是比例系统设计的大师，曾担任过伊利诺伊理工大学建筑系主任，为该理工大学设计了整个校区以及多个校内建筑。小教堂整个正面符合黄金分割矩形比例 1：1.618，或者说约等于 3：5。对于小教堂，不管是立面还是平面，都用到了黄金分割矩形。

▽ 伊利诺伊理工大学小教堂

小教堂的正立面可以简单地看成由五个长条形的矩形组成，每个矩形又由黄金分割矩形和正方形组成，底部的三个窗户就是正方形，最中间的正方形则内含着双开门。

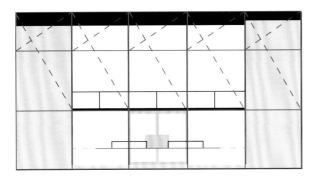

△小教堂正立面的五个黄金分割矩形

在小教堂里祭坛位置左右的剖面图上，可以看出被分成三个黄金分割矩形，十字架位于最中间的位置，两侧的座椅和空间都呈现出镜像对称的关系。

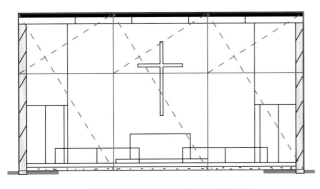

△ 小教堂剖面图的三个黄金分割矩形

小教堂的平面图完全符合黄金分割矩形的比例，正方形的区域设置成礼拜区，竖向黄金分割矩形则是教堂的祭坛区、服务区和储物间，服务区和储物区与祭坛区之间用过隔断分隔，而且服务区和储物区呈现出镜像对称的关系。

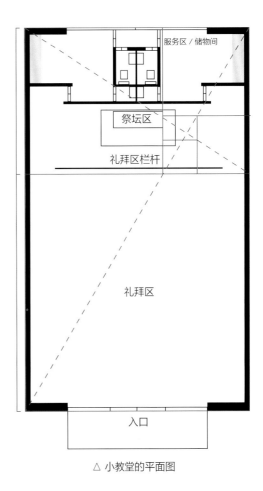

△ 小教堂的平面图

## ■ 黄金分割比矩形在室内空间中的应用

室内空间中对于整个墙面的设计也经常会用到这种用黄金分割矩形互相嵌套的手法。如在一些柜体当中，开放格和柜门的分布若是遵循一定的规律，则其设计效果会比随意、无序的设计方式更好。以下图为例，在悬空的柜体中，整个白色柜子是横向的黄金分割矩形，其中黑色开放格的部分则是竖向上的黄金分割矩形，两个矩形的黄金分割线都是柜体分隔线，这种和谐的分隔方式让柜体造型有满有空，具有节奏感。

蒙德里安绘制的《红、黄、蓝的构成》中也暗藏了许多黄金分割比和黄金分割矩形，借鉴了这一构成比例的橱柜中也充满了这一比例。

△ 空间中以白色和原木色做主色调，黄色和蓝色用家具做点缀，使得空间稳定又不失活泼感

▽ 整个空间以白色做主色，以中和红、黄、蓝交杂所给空间带来的冲击感

## 2 黄金分割比

　　巴黎圣母院中还存在着很多黄金分割比，用来确定一些距离，比如其北侧有着哥特式彩绘玻璃玫瑰窗，其中的很多图案的间距或者图案的分割都使用了黄金分割比，使整个花窗图案在分布上十分协调。

▽ 花窗上的黄金分割比

同时在巴黎圣母院的西侧立面上，无论是在整体还是局部上都存在着许多黄金分割比，这个比例关系帮助设计师在建造的时候确定了很多尺寸，使很多结构的设计显得和谐、美观。

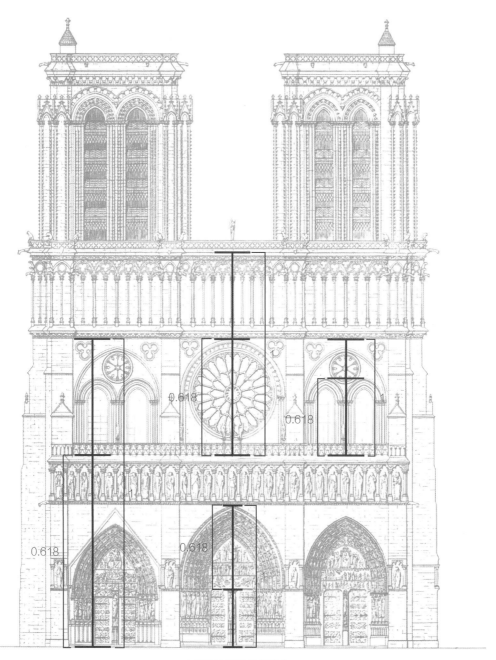

△ 立面中的黄金分割比

## ■ 黄金分割比在古建筑中的应用

　　黄金分割比可以说是历史悠久的比例关系了，而且其使用起来十分灵活，能给设计添彩。最早关于使用黄金分割比的记载，可以追溯到公元前 20 世纪～公元前 16 世纪的史前巨石阵，其长宽比为 1：0.618。巨石阵外围是直径为 90m 的环形土沟与土岗，内侧紧挨着的是 56 个圆形洞，两个圆的直径之比为黄金分割比。

　　再比如埃菲尔铁塔，其中也蕴含了黄金分割比。埃菲尔铁塔塔身高 300m，塔身与平台的比例匀称，在距离地面 57m、115m 和 276m 处各有一个平台，在 115m 处的平台，是其塔的黄金分割点，因为（300-115）：300 ≈ 0.617，与黄金分割比相差甚微，也是由此点开始，塔身往下开始张开，有四条腿，也因而有了"钢铁维纳斯"的美称。

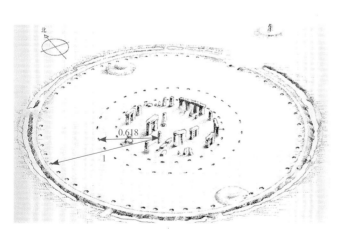

△ 巨石阵的黄金分割比

0.618

▷ 埃菲尔铁塔的黄金分割点

## ■ 黄金分割比在室内空间中的应用

空间中，大到空间布局，小到铺装分割，都按照一定的比例进行，如图所示，墙面和门的分割以及背景墙的分割都是按照黄金分割比进行的。这种比例协调的整面设计，让面积较大的电视墙看起来有重有轻，有留白，墙面看起来更加具有透气性。

△ 空间的颜色以灰色为主，但通透的玻璃门窗给空间充足的光照，避免灰色太多给空间带来闭塞感

△整面墙的设计是运用黄金分割比分割的，让墙面的分割更有韵律感和美感

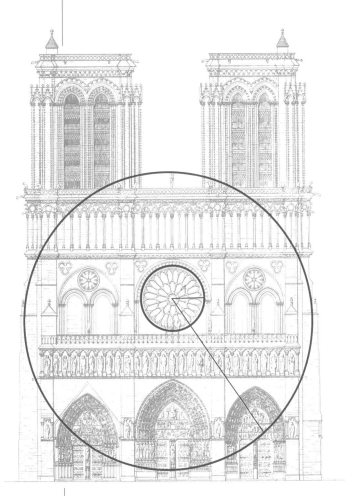

△ 巴黎圣母院中的 1：4

以巴黎圣母院的宽度做直径，可以得到一个圆，而这个圆恰好是建筑中央气窗直径的 4 倍，形成了 1：4 的比例关系。这种比例关系在建筑中十分常见，但是大圆在建筑中实际是隐形的，不像中央气窗是明确展示在大众视野中的，在建筑设计当中，比例关系很多都是隐形的或者像该例一样半隐形地暗藏其中。这种不是明摆在台面上的比例关系反而让设计更加具有吸引力，更让人想挖掘其中的关系。

同时，4 这个数字其实对于巴黎圣母院来说是有特殊意义的。巴黎圣母院就是基督教的产物，数字 7 在基督教中无疑是一个神圣的数字，古希腊认为天上有 7 个天体，上帝创造世界用了 7 天，音阶也是 7 个等，在神学家的眼中，这一切都是上帝的安排。而 7 又可以拆分为 3 和 4，三位一体，三博士拜基督等都是 3，四福音书，四方位等则是 4。可以说这些都是宗教对建筑产生的影响，在设计一些比例关系的时候，都会优先想到或者使用这些相关的数字。比如在巴黎圣母院中整体分为 4 层，最底层是 3 扇大门，中央气窗的两侧共有 4 个窗户等，这些都是宗教给建筑带来的影响。

## ■ 1∶4 在室内空间中的应用

1∶4作为常见的整数比之一，其在室内空间会比较集中地体现在整面材料的等分上。比如整面木饰面、软包等，在做整面墙设计的时候，可以通过分缝的形式来丰富墙面。

上
——
中
——
下

上　四等分的木饰面加上发光灯条，让墙
　　面造型更加丰富

中　四等分的镜面对空间有扩大的效果，
　　同时粉色的效果给以黑白为主色调的
　　空间增加了色彩

下　每个镜面和整体镜面的比例关系为
　　1∶4

除此之外，还可以通过多种几何形体的重叠使用，让墙面造型更加具有多层次的立体感。如下图中多个不同长宽比的矩形重叠处理，即使在电视机的遮挡下也能看到，电视机背景墙有多层矩形的形状。让电视背景墙中有了多层结构，凹凸有致，墙面更加丰富。

△电视背景墙低矮，不阻隔视线，让客厅空间更加开阔

巴黎圣母院中很多结构都呈现了1∶1的关系，也就是大小一致，但是它们又呈现出不同的对称关系。在其中可以看到镜像对称、旋转对称以及平移对称三种对称关系。其中巴黎圣母院整体沿中轴线呈镜像对称，左右两侧完全对称。而中央气窗的花纹则呈旋转对称，绕360°呈现出大致的圆形。而最上部的尖券装饰和尖券窗户则呈平移对称的形式，方向也相同。

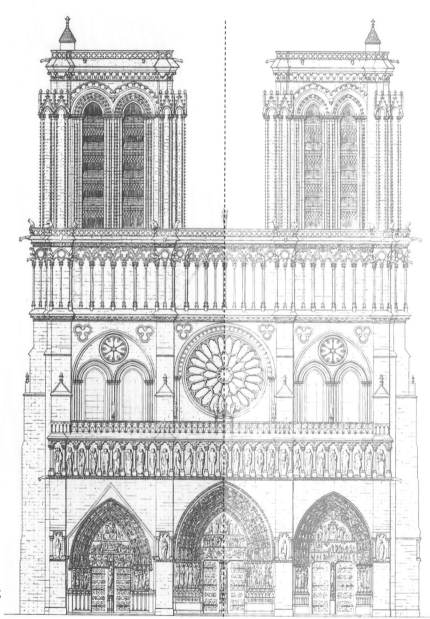

▷ 巴黎圣母院中的三种对称形式

## ■ 1：1 在现代建筑立面中的应用

对于 1：1 的比例，最典型的应用就是正方形，近现代建筑中也有频繁使用正方形做建筑的主旋律，坐落在北京的中银大厦就是其中之一。中银大厦的立面使用正方形，很容易获得稳定、坚实、庄重的效果，对于银行这一行业来说十分合适。同时从功能上看，办公楼的层高搭配较大的开间柱网，选择正方形是较优且实用的方案。

中银大厦中大量使用了正方形，为了增加建筑的层次感，建筑被分为上、中、下三种方式，各个层中正方形的大小都相同，立面当中共有三个大小的正方形，其中最上层的正方形以辅助结构的方式存在，实际的窗户为长方形。

△ 中银大厦南立面

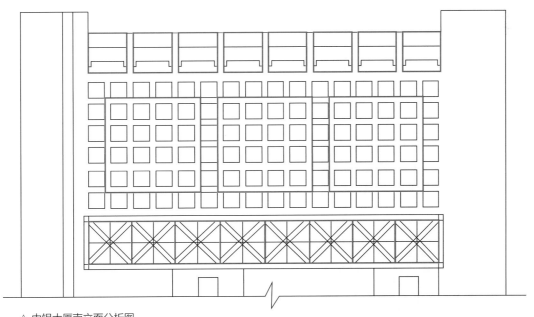

△ 中银大厦南立面分析图

## ■ 1∶1 在现代建筑平面中的应用

　　1∶1 的长宽比形成的矩形其实就是正方形，正方形作为中性而又稳定的形态，不仅在立面中被使用，在平面中也时常布局。现代主义建筑师贝聿铭在肯尼迪图书馆与博物馆的平面构成中使用到 1∶1 的正方形、三角形和圆形，它们都是同一比例的不同形状，也就是同比例的异形体，这也是场馆设计的独特之处。

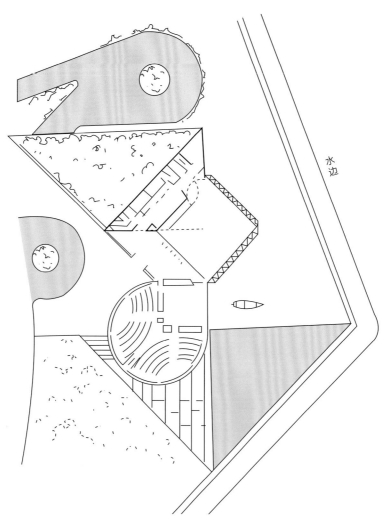

水边

△ 平面图的比例分析

## 平面图的设计思维流程分析

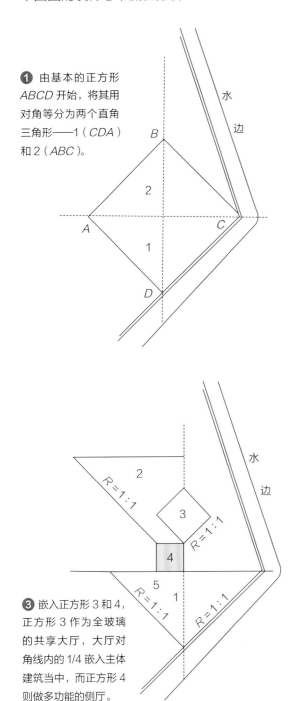

❶ 由基本的正方形 *ABCD* 开始，将其用对角等分为两个直角三角形——1（*CDA*）和 2（*ABC*）。

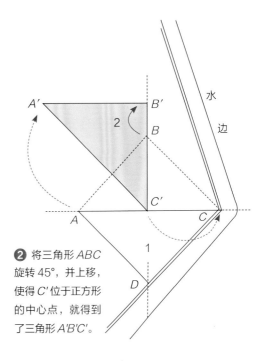

❷ 将三角形 *ABC* 旋转 45°，并上移，使得 *C'* 位于正方形的中心点，就得到了三角形 *A'B'C'*。

❸ 嵌入正方形 3 和 4，正方形 3 作为全玻璃的共享大厅，大厅对角线内的 1/4 嵌入主体建筑当中，而正方形 4 则做多功能的侧厅。

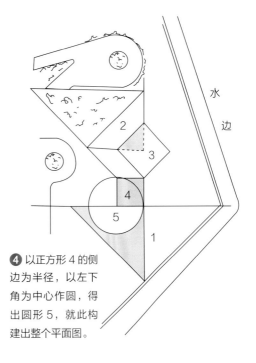

❹ 以正方形 4 的侧边为半径，以左下角为中心作圆，得出圆形 5，就此构建出整个平面图。

## ■ 正方形在现代建筑立面中的应用

正方形可以和其他固定比例的矩形共同重复组合和利用。
比如，深圳某研究院大楼，该建筑由 A、B、C 三个建筑体块
做主体，另外还有一个圆形的副体块。

△ 某研究院大楼

整个建筑用得最多的是正方形，其次是$\sqrt{2}$矩形，因此整体呈现出平稳、柔和的感觉。体块 A 中用得更多的是$\sqrt{2}$矩形，掺杂了少量的正方形，而体块 B 中则用得更多的是正方形，融合了部分$\sqrt{2}$矩形。

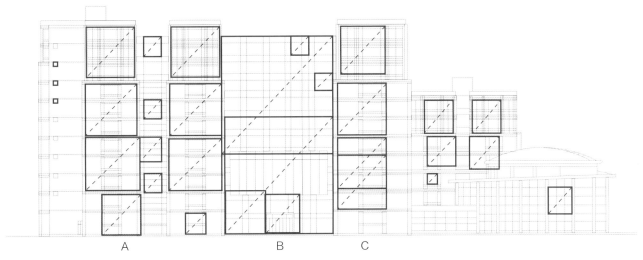

△ 某研究院大楼中用的 1∶1 正方形

在体块 C 中正方形与$\sqrt{2}$矩形用得都比较多，总体上建筑中还是正方形用得更多一些，两个方形和谐有序，形态相似，两者之间互相支持，融合在一起不会产生矛盾感。而且在体块 B 的正门入口处布置了一面实墙，其形状是用$\sqrt{2}$矩形的外分法组成的，比例优美，搭配得十分巧妙，放在入口处搭配研究院的名字，既得体又彰显实力。

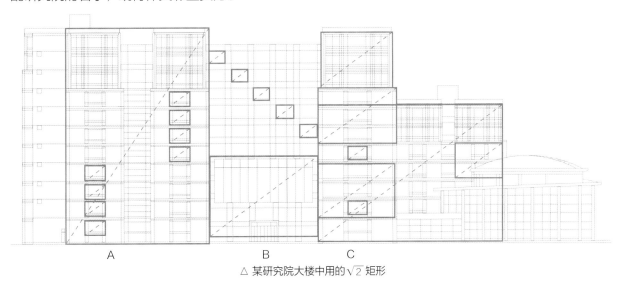

△ 某研究院大楼中用的$\sqrt{2}$矩形

## ■ 1：1 在现代建筑立面分割中的应用

1：1 的比例关系也很容易形成一些韵律关系，如穆尔西亚市政厅的建筑在每一行中都使用了相同大小的细矩形，按照一定的规律重复分布，形成了重复韵律。这座市政厅位于哥特式主教堂的正对面，两侧都是商店，为了响应历史街区，在立面上的水平线条和两旁的建筑水平分隔线上都有某种程度的呼应。立面的分割手法回应了柱子错位设计，同时建筑的表层制造出光影效果，简洁的线条让建筑更好地融入周围的历史氛围中。

△ 穆尔西亚市政厅立面分析

## ■ 1：1 形成的单体重复韵律在现代建筑中的应用

隈研吾设计的浅草文化观光中心以传统日式家屋作为单位，七个传统木造建筑向上堆叠，每层的木格栅都是相同的大小，但是不同的间隔让每层形成了不同的二次肌理。远远看去，不同斜率的重叠屋顶、错落的木格栅节能和对街的雷门景观和谐共处，又是一栋现代的观光地标。

△ 浅草文化观光中心立面分析

## ■ 1：1形成的分组重复韵律在现代建筑中的应用

除了用单体来展现韵律感外，还可以用分组做重复韵律，这种建筑体现在住宅上，最容易让人联想到的就是联排别墅或者连栋住宅。在竹北市的枝光院就是采用每栋都相同的设计手法，将分组重复韵律的技法用在其中。

枝光院的每一栋都可看作一个整体，外观采用灰黑色花岗岩，二楼以上选用清水混凝土与涂料，整体色系是黑、灰及浅灰，三种色彩渐层搭配，由下而上、由深而浅，配合楼层高度呈现出堆叠的韵律。而且每栋之间留有间隔，连在一起，虽各户独立，但仍有着连续感。

△ 在不同楼层上配置庭院、阳台、露台和天井，让每户之间有多层次的连接

## ■ 1：1 在室内空间中的应用

　　新西兰毛利族建筑中的吊顶采用常规的 1：1 正方形，通过白、红、蓝三种颜色的拼接以及连接方式，构成了类似波浪或者三角形的形态。将原本的正方形元素重新组合，赋予它更多的形式，运用新的设计形式，为设计添彩。

　　建筑整体设计以木质为主体，但是木感过重会给人以死板、僵硬的感受，因此，设计师通过垂挂不同高度的木片结构，使简单的木片形成独特的韵律感。

△ 通过平面图案给顶面带来了动态感

▽ 商业空间中的悬挂木片，让顶面空间更加通透

## ■ 1∶1 对称在室内空间中的应用

　　1∶1 的比例在室内空间中最常使用的手法就是对称了，尤其是镜像对称，可以说在任何空间中都适用。如一些衣柜，若是做整面，难免会显得空间直棱，也很闷，于是将衣柜分在两侧，中间则做镜面处理，反射出对面墙面的造型，增加空间的进深感。

▷ 双衣柜的形式增加了收纳空间

　　对称的形式在背景墙中也十分适用，完全对称的书架增加了很多储物空间，加上可移动的新中式镂空门，给墙面的形态增添了几种变化。

▷ 客厅除了会客和看电视的功能外，还增设了书房的功能，创造多功能空间

　　除此之外，还可以在对称的柜体中间增加一些具有方向倾向的装饰品，让空间的形式更加具有变化，减少死板的感觉。

▷ 粉色给以黑白为主调的空间增加了色彩，减弱了纯黑和纯白带来的清冷感

# 3. 巴黎凯旋门

巴黎凯旋门是拿破仑主持修建的一座纪念性建筑，是法国的代表建筑之一，也是巴黎纪念碑。凯旋门位于林荫大道的交汇处，地处巴黎的城市轴线上，是一个正方形和圆形交相协同的古典主义设计范例。

# 1 网格系统

可以将巴黎凯旋门整体看作一个正方形,这个正方形从横向和竖向两个方向上被分为了三份,这也就形成了井字形的九宫格,使该建筑的古典气质十分强烈,而且十分得体。在众多凯旋门中,这座凯旋门的比例最严谨,知名度也最高。

## ■ 网格系统在现代建筑中的应用

网格系统除了古典的三分法外,还延伸出许多自定义的网格,这种网格都是在模数的基础上制成的,比如菲利普·约翰逊设计的玻璃屋,以一个固定的距离做一个单位,以此来更好地控制建筑的分割等。

菲利普·约翰逊曾与密斯·凡·德·罗见过面,他们对设计进行了深入交流,两人还发展了长达一生的友谊,并进行了合作,在其 30 多岁的时候设计了一座比例准确、细节精致的玻璃墙体建筑。房屋里没有内墙,视线能透过房屋内外,由此突出了建筑强烈的透明感,该房屋引起了当时整个建筑界的关注。

△ 巴黎凯旋门中的九宫格网格

△ 玻璃屋

从东侧看外立面，其正好符合 5×24 的正方形网格，建筑的很多结构都是贴合网格系统的某一部分的。建筑中的低窗户占了 1×4 个网格，与门间隔了 1×3 个网格。门设计成两个网格的宽度，圆筒形的砖石结构则被放置在门的一侧，位于非对称的位置上，与整个建筑板正、规矩的直角造型形成了反差。

同时，东侧外立面被垂直的钢材立柱平分成三块区域，这三块区域的高度和长度分别形成了三个黄金分割矩形，而且中间黄金分割矩形的长方形区域也正是门与左右两侧钢架的距离，左侧的小正方形也内接了底部水平窗户。

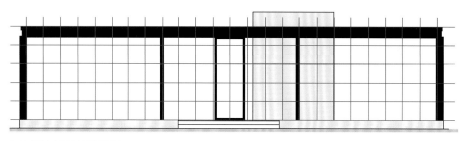

△ 东侧外立面的网格系统

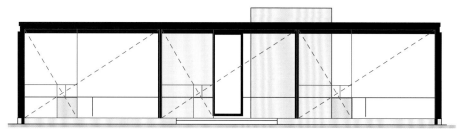

△ 东侧外立面中的黄金分割矩形

## ■ 网格系统在室内空间中的应用

网格系统中蕴含的理论依据完全可以支撑其运用在室内设计当中。其风格特点是运用数字的比例关系，通过严格的计算，把一个面划分为无数统一尺寸的网格。而在室内设计当中，可以运用网格来找到矩形的黄金分割点。这种简洁、利落的设计形式，十分适合运用在现代极简风格中。

运用网格系统，将设计的内容根据其在网格中的关系合理地进行设计，可以根据网格中的交点和辅助线，找到其设计重点的区域或位置，在上面进行设计，并可以在黄金分割点的位置做出亮点的设计，将人的视觉中心放在该位置，使整体墙面或者家具的设计带有一种理性之美。

△ 将金色的摆件放在黄金分割点的位置，且在其对角的位置设有金色材质的抽屉，两者之间通过色彩之间的呼应，使得空间墙面具有设计美感，且网格分割的设计形态，令整个柜体呈现出规整感

除了用 5×5 的网格的方式去确定黄金分割点外，在 4:3 的矩形当中也可以用对角线的方式去确定几个可以做设计或者放置某些软装饰品来做点缀的位置。

△装饰画的位置处于左右两侧的两个黄金点的位置，让装饰画的摆放位置与墙面的结合更加和谐

"无规矩不成方圆"，圆形和正方形一样都被视为严谨和规整形状的典型。圆形的对称性比正方形还要强烈，是多方向对称的图形。巴黎凯旋门可以简单概括为一个正方形，而正好可以容纳这个正方形的圆，其直径与正方形对角线重合。凯旋门半圆形的圆心与大圆的圆心重合，且呈现出 1：3 的比例关系，同时拱形门洞的高度为两个小圆的直径大小。

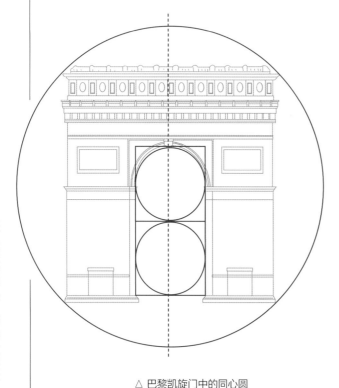

△ 巴黎凯旋门中的同心圆

## ■ 同心圆在现代建筑中的应用

在建筑中同心圆不仅可以像巴黎圣母院一样比较明显地呈现出来，而且可以将同心圆作为建筑的辅助线，来帮助确定一些建筑的结构，让建筑的整个向心力往同一个点聚焦，也让建筑看起来更加均衡。

罗伯特·文丘里崇尚建筑中的折中主义，他在为其母亲建造的小别墅里使用了很多比例关系，建筑整体呈现出长：宽为 1：2 的关系，建筑的主要构造，包括门廊和屋顶都呈现出对称的造型。但与此同时，窗户的位置则并非对称，而是呈现出了非对称均衡的感觉，比如，正方形小窗户口的数量，左右相等，而且视觉上体量也是相似的，所以建筑整体十分均衡，没有不平衡感。

▽ 母亲之家

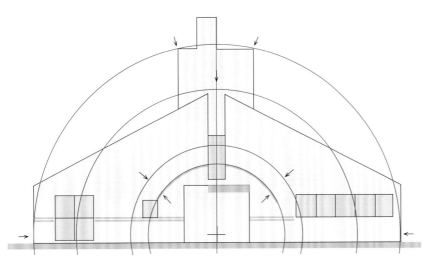

△ 别墅中的四个同心圆

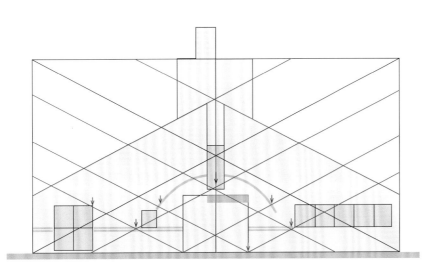

△ 别墅中平行的对角线

别墅当中的很多结构都可以用弧线连接到一起，连接后可以得到四个圆弧，而且四个圆弧的圆心都在同一点上，这就说明，罗伯特·文丘里用同心圆将各部分建筑的构造联系在一起，形成和谐、统一以及对称的整体结构。

同时，设计师还通过平行的辅助关系来确定别墅两个斜边的角度，若把整个建筑看成长宽比为 2∶1 的矩形，连接矩形对角线会发现，其对角线与屋顶的轮廓线是平行且重复出现的，若继续多做几条平行线，连成网格的形式，很多网格的交点与建筑的某一结构或者转折点是重合的。这种方式让建筑的每根线都有缘由，也都有着合理的位置。

## ■ 组合圆在现代建筑中的应用

除了同心圆外，还有相切圆、相交圆等组合关系。卡洛·斯卡帕在设计布里昂家族墓园时就应用到圆的组合。这座私人墓园是一块不规则的"L"形，以水池、安置棺木的拱桥、家族祭坛这三个空间组成。墓园内的建筑几乎都是混凝土材质，运用了现代的材料和结构，但仍遵循了古典比例产生的空间氛围。

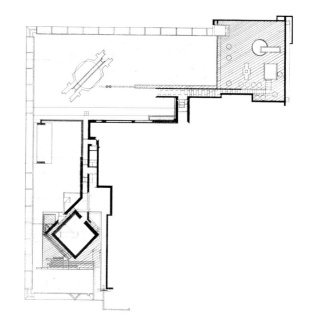

△ 布里昂家族墓园平面图

▽ 布里昂家族墓园立面图

△ 布里昂家族墓园祭坛

斯卡帕深受东方美学的影响，十分喜欢用光影做设计，因此在墓园中可以看到家族祭坛的部分，有光线从墙上的圆洞、长窗映入，四方交织的光线凝聚在祭坛四周，神圣且不可言喻。圆洞的形式与中国园林给予的感觉十分相似，呈现出圆形拱门的形式。

祭坛上方屋顶留有开口，光线从混凝土的框形结构上层层洒落，呈现出向上内缩的方格形式，无限回圈的几何样式让光影更加深邃，处于祭坛的神圣中心。

△ 无限回圈的几何屋顶

除此之外，空间中还运用了很多相交圆的形式，如公墓的入口处就有相交的圆形窗洞，这种双环的元素被反复使用着，在整个建筑中交相呼应。入口处的双环给人一种两个人虚空平行中跨过门的感觉。这种相交的双环隐喻着爱情，同时也象征着生死轮回，在到达冥想厅之前，双圆池暗示着另一个空间的存在，通过狭窄、相对封闭的长廊，凸显后面空间的开放感。

△ 并行的双环

△ 狭窄的双圆池

# 3 柯布西耶辅助线中的平行辅助线

　　巴黎凯旋门中有很多结构都是有根据的，其突出的檐结构中点的位置和底边形成了等边三角形，下方浮雕矩形区域的对角线与三角形交叉于边长 1/3 的位置，同时，上侧浮雕矩形的对角线则与整个大正方形、下侧浮雕矩形的对角线均呈平行的关系。可以说是设计者有意而为之的，通过这种对角线平行的关系，可以确定浮雕区域的高度，至此，凯旋门的几个大结构的位置都可以根据辅助线进行确定。

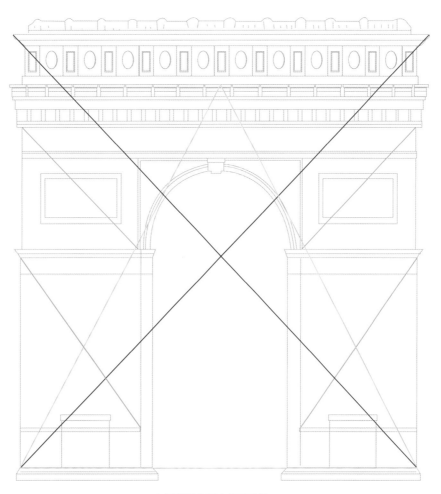

△ 巴黎凯旋门中的辅助线

## ■ 平行辅助线在现代建筑中的应用

平行辅助线有着很好的暗示作用。美国的司法部需要建一座新楼，但附近都是旧建筑，新楼需要和旧建筑和谐共处，所以两者之间需要找到共性，而这个共性就可以通过平行辅助线来实现，平行的关系拉近了两者之间的联系，新、旧之间相通。

新的七层建筑中其比例与原有的联合火车站五层的对位十分精准，从大体量的安排到门窗洞口的比例细节，搭配细致。从图中可以看出，建筑中很多对角线都存在着平行的关系，这种关系成为一种潜在的暗示，随时反映两组建筑群的共同特质。

在加尔修之家中，其立面由水平带窗、车库空间、门、矩形窗和出挑的阳台构成。整个立面是黄金分割矩形，而且立面当中的车库空间、出挑阳台也都是这个矩形比例，每个矩形的对角线都呈现出平行的关系，其建筑立面可以看成由 5 条水平带构成，从上到下形成了 4：1：2：1：4 的整数比例关系，创造出整数比与黄金比例统一的建筑。

△ 司法部新楼的局部分析

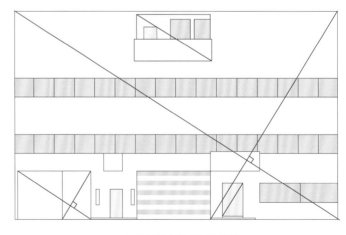

△ 加尔修之家立面分析图

## ■ 平行辅助线在室内空间中的应用

　　除了建筑外，很多室内中的墙面造型设计都会参考平行辅助线，使得本没有关系的一些矩形都拥有了呼应的关系，让画面看起来更加和谐、统一。

　　如下图所示的客厅空间，背景墙是整个空间中面积最大的部分，因此在设计时需要特别注意，尤其是这类多种矩形共同辅助设计一面墙的情况，就更需要矩形之间有所关联了，如此才能让视觉中心的墙面有着美观的装饰效果。墙面中面积最大的是铁锈色部分，其矩形的对角线和中间壁炉的对角线呈现出平行的关系。这也表示两个矩形的长宽比是相同的，两个具有相似关系的矩形让墙面设计更加具有秩序感。

△ 室内空间混合了铁板墙面以及柔软的布艺沙发，柔和了冷硬的工业风格

# 4. 波塞冬神庙

波塞冬神庙是祭祀古希腊神话海神波塞冬的古典建筑，与帕特农神庙同龄，是用本地的大理石建成的。波塞冬神庙里有 16 根柱子，都为多立克柱式，更有雄浑厚重的感觉。波塞冬神庙是人类最早发现的定比矩形（2：1）的建筑实例。

# 1 2∶1矩形

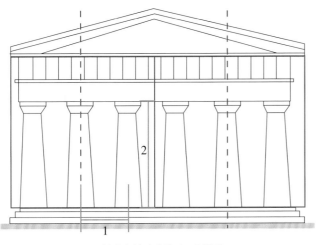

△ 波塞冬神庙中的 2∶1 矩形

2∶1 矩形实际是由两个正方形并连而成的，在视觉上极易被分辨出来，是易识别比例。波塞冬神庙柱廊的整体外轮廓是 2∶1 矩形（即双连正方），而每个正方形的中心正好与第二根和第五根柱的中轴重叠，其轴线定位严谨。而且每个柱距与柱高的比也刚好为 2∶1，与柱廊的整体轮廓呈相似现象。

### ■ 平行辅助线在室内空间中的应用

双正方形的比例结构在建筑当中并不少见，也是一个相对来说比较稳定的比例关系。除了在正立面中体现外，2∶1 矩形也经常出现在侧立面当中，竖向矩形一般用在住宅建筑当中，层高有限。

以右图为例，建筑加上屋顶花园共分为五层，属于多层住宅，其立面的高宽比为 2∶1，建筑的外立面采用微微镂空的材质，让空间中的光线有透出的感觉，加强了建筑内部与外界的交流感。

△ 微微透光的建筑给人朦胧的意境美感

## ■ 2：1 矩形在室内空间中的应用

　　2：1 矩形的墙面若是单纯地放置在室内空间中，那么难免显得单调无趣。设计师可以在其矩形的比例基础上，增加一些分隔线来丰富墙面。如下图所示，就采用了多种矩形分隔法，比如 T 字分隔法、内分法等，混合使用，让墙面进行有序的分隔，使得墙面十分规整，但又不是单纯地重复某一单一的元素，因此墙面分隔灵活而又规整。

△ 深色电视墙搭配原木色地板和白色墙面，让空间具有重色的同时，又不会颜色过重，避免给空间带来压抑感

## 2 特殊几何形体中的等腰三角形

　　波塞冬神庙中的柱高和山花斜边长度相同，两者相连可得到一个等腰三角形，且经过顶点与长边垂直的线，与楣梁相交，能够定位出柱子中轴线的位置。同时，最中间两根柱子中轴线所连接成的斜线与整体矩形的对角线呈垂直的关系。波塞冬神庙中造型的定量恰好是增一分太多，减一分太短，其设计十分成熟且具有规律。

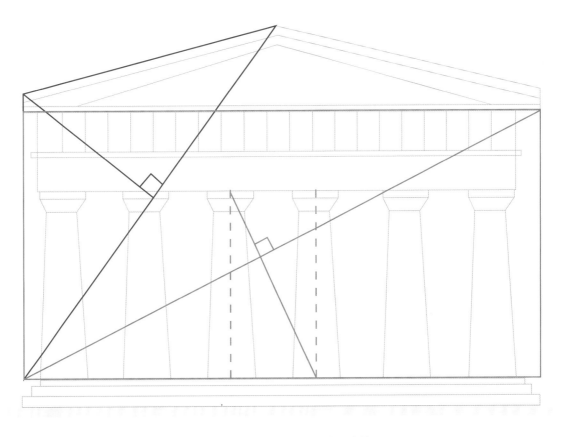

△ 波塞冬神庙中的等腰三角形与垂直线

## ■ 三角形在现代建筑中的应用

想要做到类似波塞冬神庙中多种比例相辅相成的设计是很难的，除了和辅助线的设计技法一起使用外，还可以和多种几何图形一起对建筑进行设计，如台南的一个居住和医用混合功能性住宅中就有所运用。

住宅采用这种多种几何图形的形式，一是考虑到业主的信仰，二是考虑到住宅细长且有西晒问题，因此小窗是必要的。建筑的立面设计上充分考虑到信仰的问题，采取了玻璃花窗中十分常见的各种几何图形，如三角形、方形，交错拼接形成，将其立面设计出繁复、神圣的感觉。在其外观上形成了鲜明的视觉效果，交错分割的立面造型构成了叶脉般的细长纹理，光线渗透进屋内时，形成了植物般的光影分割。同时让人在空间中仰望时，感受繁复迭砌的西向立面造成的光影变化，或者类似身处教堂的神圣空间感。

除了平面上的三角图形之外，交错、旋转的三角形也形成了动态的立体几何形态，如中钢集团总部建筑，就是通过扭转三角形的角度，让干净的"玻璃盒子"产生立体的韵律起伏。建筑可简单看作是由四个堆叠的正方体形成的，而每个正方体的方形面都被切割成两个三角形。正方体的中间夹着轴心，每八层楼扭转12.5°，让钻石形状的玻璃帷幕形成动态的几何形体，突破了方正的立面形状，加上玻璃材质的辅助，使得建筑无论是在形态还是材料上都达到了和谐的平衡。

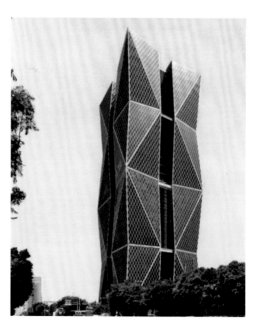

△ 建筑采用不规则的清水混凝土构成的立面线条，光影重叠的效果切割、碎化了建筑外观，给人教堂花窗的感觉

△ 建筑像是一个被切割的玻璃体，呈现出交错的动态平衡

## ■ 圆形在现代建筑中的应用

除了三角形外，圆形也是建筑中常见的几何图形，若单纯将其应用在立面造型上，则免显得有些常规。几何图形还可以体现在建筑的横截面上，如南洋理工大学的学习中心就是以圆形作为主元素设计的。在设计上以可供 33000 名学生进行学习的新型多用途建筑为要求，不再采用传统的教育形式，而是采用更适合当代学习方式的独特设计来思考教室的可能性。根据学习不再需要固定地点的现状，建筑最重要的功能就是让来自不同学科的学生和教师能自由地交流和互动。因此建筑呈现出动态的混凝土塔楼的外观，围绕着一个中央空间，将每个人聚集在一起，同时穿插着角落、阳台和花园，可以进行非正式、轻松的交流和学习。

## ■ 异形几何形在现代建筑中的应用

建筑当中更多的是以异形的形态进行设计的，如世博园中的德国馆。该建筑以三维雕塑外观呈现，含有中央能源、工厂、歌剧和文化部分，甚至还有一个公园，整体没有一个明确的内部或外部，模糊了两者之间的界限。建筑的材料看似为金属板，实际则是一种，由双向预应力高强度聚酯纤维所制成的编织幕墙，其材质轻柔坚韧，易于安装，又遮阳隔热，表面可加上特定配方涂层，塑造建筑外观质感。编织帷幕墙使建筑形成了视线通透感，让建筑既保有体量感，又保有室内视野的通透感。

△ 建筑将社交与学习空间交织在一起，共同创造出一个更有利于学生和教师互动的动态环境

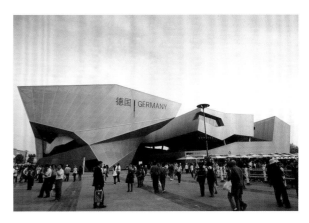

△ 异形的体块形态让其更具特色

# 5. 米兰大教堂

米兰大教堂是世界上最大的哥特式建筑，有"米兰的象征"之美称。米兰大教堂上半部分是哥特式的尖塔，下半部分是典型的巴洛克式风格，从上而下满饰雕塑，极尽繁复精美，是文艺复兴时期具有代表性的建筑。其中也蕴含了许多比例关系，尤其是与 $\sqrt{3}$：1 相关的，$\sqrt{3}$：1 是哥特式建筑中最常见的比例关系。

# 1 6 与 10 的应用

米兰大教堂的平面是由其铺设的地基决定的，其总宽度为 96braccia，braccia 在意大利代表的长度因地而异，在米兰则为 595mm，比 2ft 稍短。其总宽度可分为 6 个单位，每一个单位为 16braccia，中央大厅占 2 个单位，4 条走廊每一条占一个单位，形成 1：1：2：1：1 的比例，而其长度则可分为 16 个单位。意大利人把 6 和 10 看成完美之数，将两者结合在一起，就制造了更为完美的数 16。

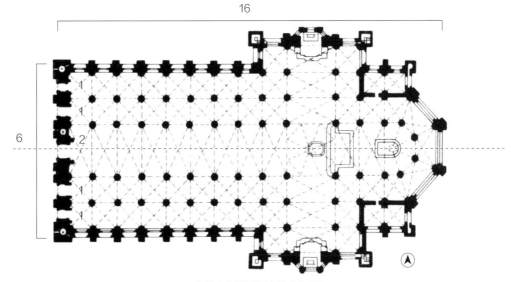

△ 米兰大教堂平面中的 6 和 10

## ■ 6：10 在现代建筑中的应用

6 和 10 除了具有特殊含义外，还可形成的多种比例，如 6：16、10：16、10：6，其中 10：6 还是近似黄金分割比的比例关系，因此在建筑或者室内空间中经常会看到这些比例关系的出现。在使用这些比例关系的同时，也经常会和其他比例一起搭配使用，设计出更加多变、丰富的立面结构。

在台北的国扬天母集合住宅的立面设计中就运用了多种比例结构，包括 10：6 等。采用白色的冰裂马赛克方框将立面碎化，让建筑物既维持巨大体量的地标性，又通过分割，碎化形成多种不同比例的正方形和长方形，生动而多变的立面结构让巨大的体量变轻盈。同时搭配黑色石材和铝制格栅让建筑更显沉稳，远远看过去，白色的框架线条会比深色的建筑更加吸引人的视线，降低了建筑的体量感。而对建筑内部的住户而言，白色框架则满足了遮阳的需求，这也使得白色框架并非只有装饰性，反而兼具了一定的功能性。

△ 国扬天母集合住宅正立面中的多个比例关系，丰富了建筑立面设计

△ 人的视线会随着白色框架和格栅游走，与周围的浅色建筑和街道建立了良性的关系，同时还引发了艺术性的视觉想象

### ■ 6：10 在室内空间中的应用

在室内空间中，虽会使用这些比例，但不会像在建筑中使用得那么多，简单的比例关系才不会让体量较小的室内空间显得拥挤。在以高级灰为主要色调的客餐厅空间中，简约的设计风格也就使得电视背景墙上的设计不会很复杂，简单的几根线条就将墙面分为黑色、白色和木色三个区域，其中白色墙体的区域长宽比设计为 10：6，黑色开放格和底面区域的长宽比也为 10：6，木色的柜子则每一格都为 2：1 的矩形，两种比例关系在同一墙面上和谐共处，共同组成了比例协调的背景墙立面。

△ 和餐厅共通的客厅空间以黑、白、灰作为主色调，辅以木色，让整个空间简洁、干净又不失色彩

教堂内部保持了巴西利卡的特点，呈现出拉丁十字式的平面，受到法国的布尔热大教堂与勒芒大教堂的启示，采用了广厅式的布局方式。在中殿两边各设置两个侧廊，形成了"三重中厅"的平面布局，是意大利人偏爱的宽广比例，但也削弱了哥特式风格，在其平面的十字翼处，向外突出了一个宽度单位，也设有中殿与侧廊，侧廊的开间平面也为正方形，中间的开间比例则为 2：1。

2：1 是一个常见的比例，其运用的范围形式也十分广泛，它通常会与很多其他比例一起复合使用在建筑、空间、墙面甚至家具中。

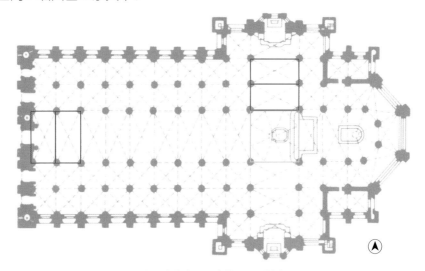

△ 米兰大教堂平面中的 2：1 比例

### ■ 2：1 在现代建筑中的应用

2：1 的比例是比较容易识别的，如菲利浦·约翰逊所设计的 AT&T 电信总部的立面中就有使用，而且其总部大楼也是后现代风格确立的标志，其大楼舍弃了玻璃帷幕，选用了大面积的花岗岩，同时正立面采用三段式的立面结构，凸显设计师为摆脱现代主义，向古典取材的意图。其三段式可看成头、身和基座三部分，其中头和基座高度相同，而身则为头的两倍，即身：头：基座 =2：1：1。

而且立面上无论是屋顶的山墙与圆形缺口，还是充满雕塑感的石材外墙，甚至是基座中的拱门和柱廊，都充满着浓厚的古典意味。这座建筑与当时随处可见的比例盒子不同，种种设计都彰显着后现代主义和现代主义的区别，从历史中寻找到了灵感，撷取了古典主义的形式与元素，同时糅杂着现代的、商业的、通俗的特征，这也是后现代主义最鲜明的标志。

△ AT&T 电信总部大楼

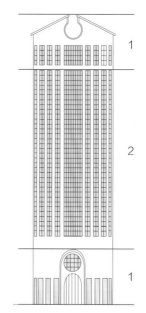

△ AT&T 电信总部大楼的正立面图

在 AT&T 电信总部大楼出现不久之后，中国台湾也出现了一个著名的后现代主义建筑，即宏国企业总部大楼。这座建筑至今仍是敦化北路的地标建筑，同样采用类似三段式的立面，其建筑立面比例均匀，中间长方形的长边与最上面的长边呈现出 2：1 的关系。与此同时，建筑上有着类似斗拱的装饰元素，在当时充满着现代建筑和西方建筑的大环境下，呈现出格外不同的外形，建筑师将东方宗教、哲学的内化反映在对中式元素的应用上，可以说是充满了东方语言的建筑。

▷ 宏国企业总部大楼

# 3 8:7 矩形

　　中世纪的建筑师们为建造米兰大教堂提出了多个方案，由于他们来自不同的国家，其理念及审美都有着很大的差异。多个方案被提出，但又被否决，其争论的焦点在于，以哪种比例关系可以产生最大的稳定性，最终采取了折中的办法。其剖面的最终方案为高度上以 14:14:12:12:12:12 的方式进行分隔，总高度为 76braccia，剖面中总共被分为 42 个小矩形，小矩形分成了两种比例关系，一个是 16:14，也就是 8:7，另一个是 16:12，也就是 4:3。

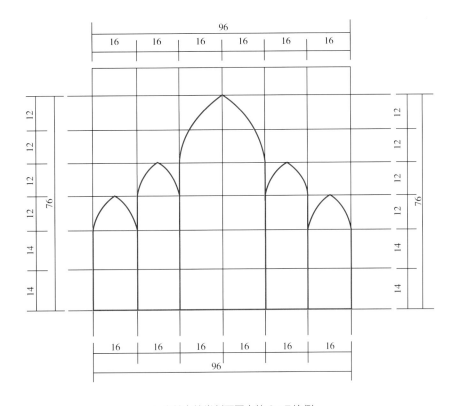

△ 米兰大教堂剖面图中的 8:7 比例

## ■ 8：7 在现代建筑中的应用

8：7 是近似 1：1 的比例关系，这种近似正方形的图形相比于其他长方形会更加具有特点，如上海世博会的英国馆从远处看就是近似 8：7 的矩形。该建筑是由托马斯·赫斯维克设计的"种子圣殿"，也是由 个小单元发展山的组合，规格化的材料以及构筑方式，让建筑具有快速组装的效果。66000根透明亚克力杆共同构成了六层楼高的建筑，放大每根亚克力杆可以看到中间被放入各色的种子，上面有多种不同的图案。向外延伸的亚克力杆仿佛是从建筑主体的方盒子上长出来的一样，质轻的特性使其随风微微颤动，形成了动态的建筑效果。而且亚克力透明的特性使日光可以从建筑外部照入室内，夜间的照明也可以通过亚克力杆的反射映照建筑，白天和黑夜有着不同的效果。以简单的材料让建筑散发着整体感的同时，还能透过亚克力达到和外部环境有所互动的效果，完成独特的立面造型。

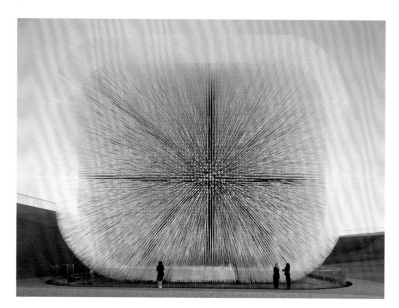

△ 英国馆的夜间立面效果

△ 亚克力杆的中间细部图案

# 4 4：3矩形

## ■ 4：3矩形在室内空间中的应用

　　4：3的比例在设计中十分常见，无论是在建筑设计、室内设计还是平面设计中都能经常见到。在日常生活中最常见的4：3矩形就是电视、计算机屏幕了，其在电视背景墙设计中的应用会更为广泛一些。

　　4：3的矩形还可以和黄金分割矩形或者其他极易识别的图形进行组合设计，丰富室内的立面设计。如下图中的电视背景墙就利用了4：3矩形和黄金分割矩形进行组合。在立面墙体较长时，可以采用虚实结合的设计手法，将视觉中心手动移至电视的位置，两侧位置则采用开放格且露出墙面做底面的方式来呈现出较为空和虚的效果。中间的石材背景呈现出更加实体的效果，而且整个石材包含开放格的区域长宽比采用了4：3的比例，而最上侧石材区域的长宽比则是黄金分割比的关系，合理地组合运用多种比例关系可以让立面设计变得更加和谐美观。

△ 在做立面设计时不可避免地要考虑到材料与室内总体空间是否搭配等问题，合适的材料搭配才能营造出更好的室内氛围

# 6. 新圣母玛利亚教堂

新圣母玛利亚教堂是佛罗伦萨第一座宗教教堂，因其建于 9 世纪圣母祈祷所的地基之上，而又被称为 "新" 圣母大殿。新圣母玛利亚教堂是文艺复兴时期著名的天才建筑师阿尔伯蒂设计的，以黑色和白色大理石搭配设计出正立面，外观呈现出中轴对称的形式，同时也蕴含了很多比例关系。

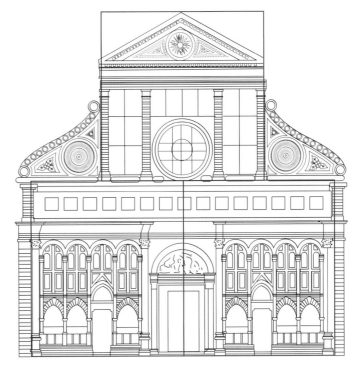

整个立面其实被简单地分成三个同样大小的正方形，让教堂的整个立面十分规整，也更加具有古典的气质，这种采用同样距离作为度量单位的，被称为模数。模数经常被用于建筑设计当中，这种方式可以简单快捷地使用多种比例，设计时更加轻松。

△ 新圣母玛利亚教堂正立面中的模数

### ■ 模数在现代建筑中的应用

模数不仅在建筑设计中时常使用，在室内设计和平面设计中也经常使用，能够有效提高工作效率。同时模数也可以和其他设计手法进行搭配，设计出更加新颖、具有创意的作品。对于模数，一些比较简单的设计手法，就是将某一形状或者线段看作是一个"块"，在立面上可以重复这个块，或者以倍数的关系去呈现这个"块"，来达到丰富与和谐韵律的目的。

政大馥中住宅坐落于中国台湾，在建筑的立面上挖出开口作为露台与窗户，窗户分为四种形式：一是最小的方块，有着渐变的大小变化；二是双格窗，大小相同，但其位置却有左右的变化，有着跳动的感觉；三是T字分割的窗户，外框的大小不变，但最下方的矩形在宽度上却有所变化；四是横向分割或长度有所变化的窗户。大小不等且跳跃的孔洞关系，给建筑增加了趣味性，尤其是窗户以上下左右的错位，凸显出大中小的比例关系，让立面产生清楚的凹面轮廓，让本可以规矩方正的建筑转化为具有变化且有趣的住宅建筑。

同时该建筑的色彩也和切挖轮廓有所呼应，窗框、露台与雨遮选用了轻薄的黑色钢板，以不同的深度搭配跳动的大小开口，最后在露台和雨遮内部选用鲜明的橘色，在白色和黑色的交织中跳跃着活泼的橘色，强化了切挖开口的位置，同时外部背景的绿色也衬托出住宅的白色和干净的凹面，可以说建筑和绿色背景产生了对话，赋予了建筑表情。

△ 住宅建筑效果

△ 建筑中窗户的凹面及位置

新圣母玛利亚教堂最上方的部分被分成均匀的三份，三角形门楣处于最上方的 1/3 处，而圆窗则处于最下方的 1/3 处，同时，圆窗的大小和两侧圆形的装饰呈现出 1：0.618 的比例关系，让整个上部的设计更加和谐。而下半部分也分成均匀的四份，最底层是门以及装饰门洞的高度，最上侧为檐壁的范围，整个下半部分同时还是长宽比为 2：1 的关系，整个教堂十分的规整，这些结构的高度和宽度都是十分规律的。

除此之外，教堂的立面都是由各种几何形组成的，即使是左右两侧的弧线，也是由两个圆形相切组成的，可以说处处都是几何形体，虽然十分规则和古典，但是缺乏了灵活度，在实际的很多设计应用当中，会和更多其他的元素进行组合。

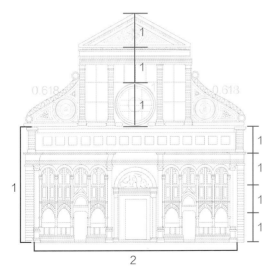

△ 正立面中的 1：3 比例

### ■ 1：3 在室内空间中的应用

1：3 的比例关系会呈现出较为窄长的矩形，这也使得在室内墙面使用时，必须采用分割从视觉上减少狭长感，其中最简单的方式就是均分为三份，也可以和其他比例的矩形搭配做对称的墙面结构。如下图中的电视背景墙就是以墙面高度为参考，在墙面中间位置设置出长宽比为 4：3 的矩形做墙面中的视觉中心，并放置电视，同时在矩形内左右两侧设计了开放式置物架，增加收纳空间，剩余位置则用木饰面做装饰。

△ 木饰面简化了墙面的装饰形式，使得墙面设计疏密有致

　　新圣母玛利亚教堂处处都是几何图形，尤其是正方形，因此，45°的斜线充斥在建筑当中，以这条斜线为参考，其线条正好与拱门两侧的方形对角线平行，不难看出，设计师是通过辅助线来确定两个方形的大小及位置的。同时，在教堂左右两侧的三角形装饰物，其整体趋势线则与辅助线相垂直。

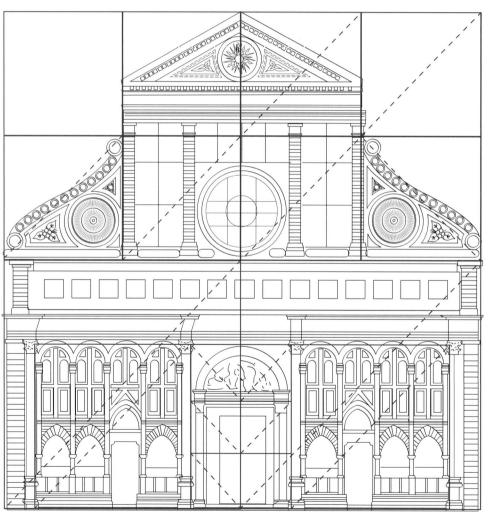

△ 新圣母玛利亚教堂立面中的平行与垂直辅助线

## ■ 平行与垂直辅助线在现代建筑中的应用

平行与垂直辅助线是建筑设计中最常见的辅助线之一，在美国国家美术馆中就有所应用。美国国家美术馆整体呈现出 H 形或者说工字形，左右两侧的竖向建筑通过长条形进行连接。

从正立面来看，美国国家美术馆可看作是三个矩形，这三个矩形比例都具有相似性，若连接其三个矩形长边的对角线，就能发现矩形 1 的对角线垂直于矩形 2 的对角线，矩形 2 的对角线垂直于矩形 3 的对角线。而且建筑造型轮廓是对称的，其中心线与中间实墙的下边缘相交于矩形 2 的中点，也过对角线。

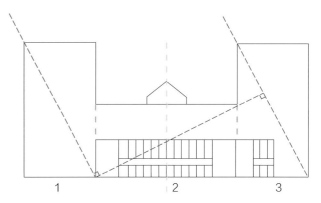

△ 美国国家美术馆的正立面分析图

▽ 美国国家美术馆

除了丰富的立体造型外，在方正的长方形中也可用通过辅助线的方式去丰富建筑。以下面的建筑为例，建筑物的外轮廓与底层的大玻璃展览窗的矩形比例相同，其对角线是平行的关系，小窗和招牌字体的布置也均遵守着辅助线锁定的位置。二层楼的小方窗是中性的正方形，然而它们也均按照平行辅助线进行有序的排列。底层展览窗外有外露的大梁，强化了基本比例，让平行的关系显得更加明显。

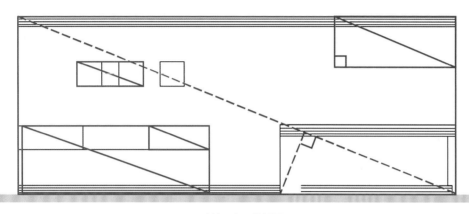

△ 建筑正立面分析图

　　建筑的侧立面玻璃窗与整个建筑侧立面有着共同的对角线，同时设有标牌，若标牌的位置也考虑到比例关系，那么整个建筑的构图也会更加和谐。

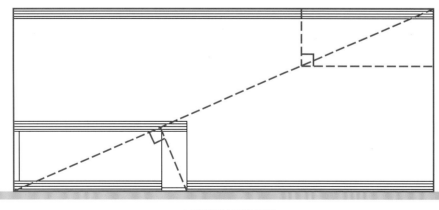

△ 建筑侧立面分析图

### ■ 平行与垂直辅助线在室内空间中的应用

在室内设计当中，平行和垂直的关系是十分便利的设计手法，能够在不知不觉中让人觉得墙面设计有种说不出来的和谐之美。如做整面电视柜的时候就可以通过给封闭的柜体增加开放格的形式来丰富柜体，那么这就需要设计师对开放格的尺寸进行一定的设计了。一是要考虑到开放格的功能性，比如开放格设置的高度可以以人坐着方便拿取的尺寸去设计，格子的大小也可以根据常用物品的尺寸去设计；二是考虑到美观的需求，可以采用开放格对角线垂直的关系去微调开放格的尺寸，如此便能够得到既具功能性，又和谐、美观的整面定制柜了。

△ 柜体的材质也要和空间的材质搭配，原木色的板材与墙面、茶几的材质相近，如此才能保证空间风格的一致性

# 7. 马赛公寓

马赛公寓是由建筑大师柯布西耶设计的，也是其代表作之一。建筑被巨大的支柱支撑着，看上去像大象的四条腿。其外观是大量重叠的阳台，阳台的侧面墙上涂了红、黄、绿等鲜艳的颜色。在设计的过程中，柯布西耶采用了模度来确定建筑物中的所有尺寸。

模度是柯布西耶根据人体所得到的一系列数据，该数据被分为红尺和蓝尺两个系列，对于马赛公寓，无论是在平面设计还是立面设计上，都有对应的应用。马赛公寓被设计者称为"居住单元盒子"，运用重复的手法增强建筑的秩序感，还采用了模度中的 15 种尺寸，从整体布局到家具设计几乎都运用了这些数值。

公寓建筑全长 140m，宽 24m，高 56m，而单层净层高为 2260mm，楼板厚度为 330mm，一个单元的净开间为 3660mm，公共走廊的宽度为 2960mm，楼梯及门的宽度为 86mm，这些看似自由布局的屋顶设施与构筑物的尺寸、遮阳立面的尺寸等，其实都是遵循模度数值设计的。

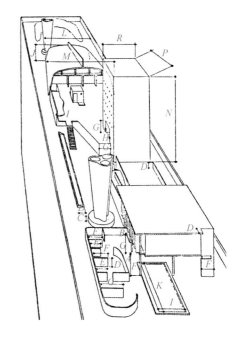

| 字母编号 | 长度 / cm | 尺寸属性（红、蓝色系列）/ cm | 说明 |
|---|---|---|---|
| A | 33 | | 板的厚度 |
| B | 43 | | 带有防渗层的屋顶的厚度 |
| C | 86 | | 鼓风机基座高度 |
| D | 113 | | 健身器材院墙的高度 |
| E | 140 | | 矮墙的高度 |
| F | 183 | | 各种墙的高度 |
| G | 226 | | 母亲沙龙的高度 |
| H | 296 | | 酒吧的高度 |
| I | 366 | | 儿童浴场的长度 |
| J | 479 | | 体育文化厅的高度 |
| K | 775 | | 浴场的长度 |
| L | 1253 | | 体育文化厅北边的宽度 |
| M | 1549 | | 体育文化厅南边的宽度 |
| N | 1775 | 1549（蓝）+226（蓝） | 蓄水塔与电梯井的高度 |
| P | 828 | 775（红）+53（蓝） | 蓄水塔与电梯井的宽度 |
| R | 592 | 592（红）+53（蓝） | 蓄水塔与电梯井的深度 |

△ 在马赛公寓中数据都是遵循模度数值设计的

## ■ 模度在平面图中的应用

　　柯布西耶除了在马赛公寓上以外，还在其他很多建筑上使用模度，甚至还设计了以模度为概念的建筑群。

　　柯布西耶运用模度的概念将1200m×800m的矩形地块划分为网格，这套网格系统中包含了47个街区，而且针对不同性质的地块，柯布西耶进行了严格的区分。以"人体"为象征进行了城市布局结构规划，把首府的行政中心当作城市的"大脑"，这部分建筑包括议会大厦、首长官邸、高等法院等，被布置在山麓顶端，可以俯视全城，同时也彰显了其重要的地位。而博物馆、图书馆等作为城市的"神经中枢"被分布在"大脑"附近，全城的商业中心则设置在城市主干道的交叉处，象征着城市的"心脏"。大学区则位于城市西北侧，好似"右手"，工业区位于城市东南侧，好似"左手"，各个道路则象征着"骨架"，连接着这些建筑。而水、电、通信系统则象征着"血管神经系统"，其余小建筑群就好似"肌肉"，填补着区块的空白。绿地象征着呼吸系统的"肺脏"，是城市当中不可少的部分。雕塑、水池、步行广场、草地则均衡着整个平面，形成了平衡而又精致的城市布局。

城市规划过程

❶ 用网格划分区块

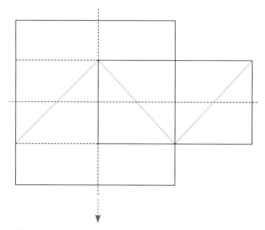

❷ 将"人体"置入其中

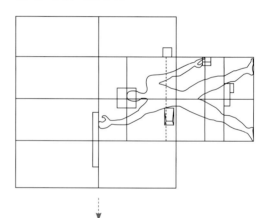

❸ 在人体大脑、心脏等区域进行标记

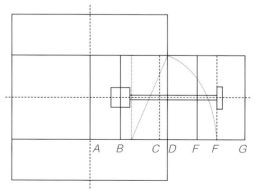

**6** 最后将方案规整化，制成
最终的设计图纸

**4** 分别在人体大脑、心脏等位置规划不同功能的建筑

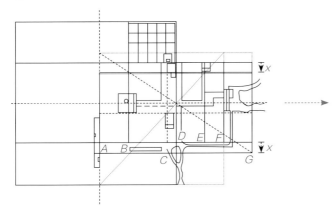

**5** 将雕塑、水池、步行广场、草地等设置上去，均衡
整个平面

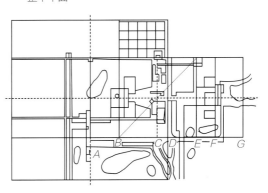

△ 昌迪加尔高等法院立面图

## ■ 模度在建筑中的应用

昌迪加尔高等法院就是由 11 个连续拱壳组成的，这些拱壳兼具遮阳和排水的功能，下部架空的位置有利于气流的通畅，采用了 4×2260mm=9040mm 的高度，建筑表面有着大小不一的凹龛，部分还涂着红、黄、蓝、绿等亮眼的颜色。

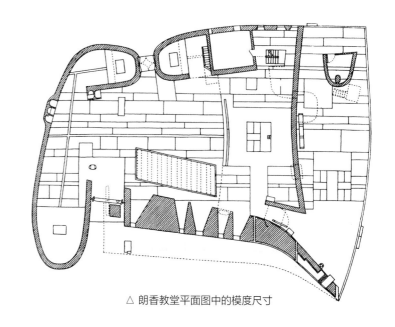

△ 朗香教堂平面图中的模度尺寸

　　而朗香教堂则更多地将模度体现在平面尺寸上，其平面整体虽然是异形，但内部却是用规矩的方形和矩形进行分割的，且这种方形和矩形都是按照一定的规律进行排布的。而异形的建筑平面是柯布西耶想要为这所教堂创立一个女性形象，所以采用了曼妙的曲线来凸显女性柔软的特征，甚至还用三个女性的名字来命名朗香教堂的三个塔。

　　与此同时，建筑中的铺地和家具都是由模度所控制的。在朗香教堂的大门上有一副由柯布西耶亲手绘制的模度人的形象，而且蜿蜒的墙壁背后还隐藏着模度控制体系。

■ **模度在家具中的应用**

　　模度的设计之初就是为了将与人相关的东西，包括建筑、室内空间、家具等，设计成方便拿取的尺寸，所以模度在家具当中有着十分广泛的应用。这些尺寸数据使得成品家具有了平均和标准的参考，定制家具也是如此。

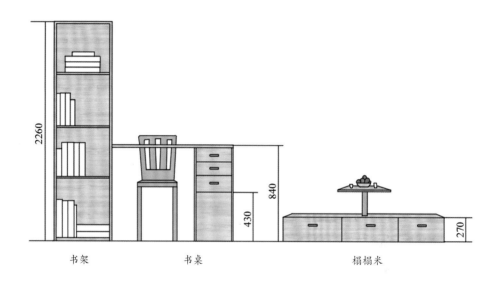

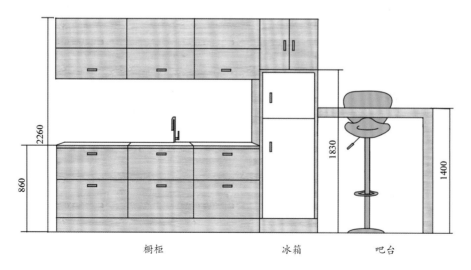

△ 家具中的模度

模度还可以应用在成品家具上，即便是简单的红色和常见的长方体都能设计出高级的感觉。上下两层重复排列，错缝的形式让柜体的设计更加生动。

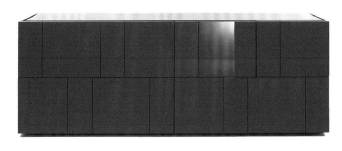

△ 越是简单的设计形式搭配纯色才能更加彰显设计功力

## ■ 模度在铺装中的应用

在朗香教堂中模度就被应用在地面铺装上，所以现在很多红尺、蓝尺的数据也被应用在地面铺装上，通过将不同材质或尺寸的地砖进行拼贴，形成一个有规律的整体。

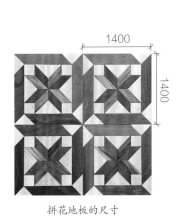

拼花地板的尺寸
（1400mm×1400mm）

欧式九宫格地砖的尺寸
（860mm×860mm）

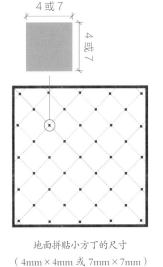

地面拼贴小方丁的尺寸
（4mm×4mm 或 7mm×7mm）

△ 地面拼贴形式

而且这种拼贴形式不仅可以运用在地面上，还可以应用在墙面、顶面等位置。以下图的拼图为例，横向上的尺寸有 200mm、400mm、600mm 三种排列组合的形式，竖向上的大小则以砖材常见的 600mm、800mm 为例进行统一，只在横向上进行变化，就能保证整体拼贴形式的统一。

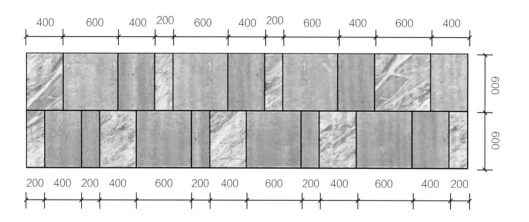

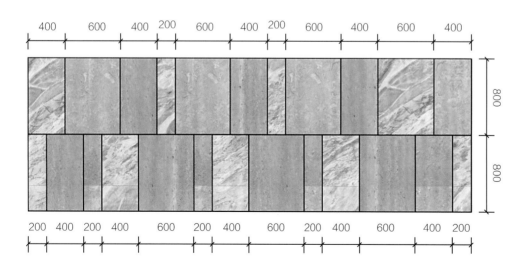

△ 拼贴形式举例

## ■ 模度在室内空间中的应用

作为居室的主空间——客厅，其电视背景墙的拼贴运用模度的拼贴形式可以体现出现代感。简约的大理石墙面、规律的分缝让空间整体大气又不失气质。

△ 整个空间充斥着黑色、白色和灰色，花哨的背景墙并不适合这个空间，只有简单的分缝才能凸显高级感

在墙面过高、材料高度有限的情况下，就可以上下多次分缝，而且错缝的处理方式会让背景墙更加丰富。同时圆形的装饰品柔化了棱角分明的墙面，其材质、颜色与沙发类似，使得客厅整体色调协调统一。

△ 黑色的空间给人低调沉稳的感受，因此墙面也不适合做得过于花哨，多个尺寸的拼贴更能保留这种低调的气质

## 2 重叠的黄金分割矩形

马赛公寓整体可概括为一个长方体，共有两个不同大小的立面，两个立面中均隐含着正方形和黄金分割矩形的比例关系。马赛公寓的正立面是由两个有所重叠的黄金分割矩形组合而成的，也像是由黄金分割矩形向右侧平移了一个小长方形的距离而得到的。

马赛公寓的侧立面也是由一个黄金分割矩形向上平移了一个小长方形大小的距离而得到的。

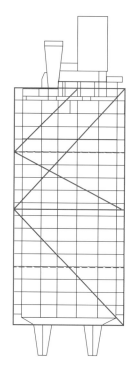

△ 马赛公寓侧立面图

△ 马赛公寓正立面图

■ 重叠的黄金分割矩形在室内空间中的应用

　　这种重叠的黄金分割矩形中也存在着很多正方形，时常会以一些结构体现在上面，如做一些景观窗户或者进行整面墙设计，这样会显得比较完整且和谐。有建筑师曾在天津大学的研究所设计中使用过类似的技法。在大厅楼梯的尽头布置一整面落地窗，窗外专门设计了景观，采取框景的方式，将园林造景的手法应用到建筑设计，同时也将窗外的景色融入大厅空间内。

　　而且景观窗中被许多或水平或垂直的线条进行分隔，整个大窗就是一个黄金分割矩形，其内部还穿插几个重叠的黄金分割矩形，黄金分割矩形中间的正方形也被分割表现出来，从整体上看是由黄金分割矩形和正方形的穿插、交替构成的。这个窗户在拼接后结构十分复杂，但整体又和谐、美观。

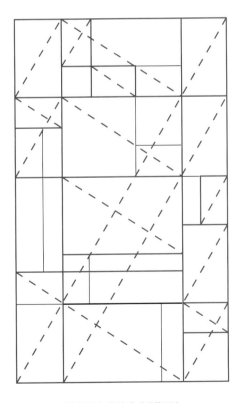

△ 景观窗中的黄金分割矩形

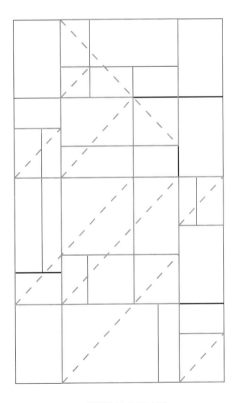

△ 景观窗中的正方形

## ③ 几何 + 原色——风格派建筑的比例

马赛公寓的表面使用了红、黄、蓝三原色，搭配几何的建筑形态，与风格派建筑有着相似之处。风格派是由与柯布西耶同时期的皮特·科内利斯·蒙德里安在荷兰带动形成的，这个由绘画发展出的思潮后来也延伸到其他艺术领域。风格派主张抽象和简单化，让繁复的外形极度简化到几何线条或形状，并多用红、黄、蓝三原色进行创作。

△ 马赛公寓正立面图

### ■ 风格派绘画在建筑中的应用

风格派绘画中最著名的就是《树》，其画作中将树的曲线不断简化，只剩下水平和垂直的线条，这和古典主义追求的"形式的纯粹"有某种程度的相似，都是在归纳线条。简化后的元素虽然没有特定的比例关系，但具有理性与逻辑的美感，这种方式很适合利用在建筑的立面上，都是从大自然简化－删除－重整的过程。而风格派唯一的建筑作品就是施罗德住宅，设计师将建筑视为线、块、面的空间组成，室内隔间可通过轨道滑门拉开，墙面也可收起。其住宅的平面或透视都能被想象成一幅画，整个画面构成皆有清楚的构思，和柯布西耶的自由平面有很大的区别。

△ 施罗德住宅

△ 施罗德住宅立面图

施罗德住宅的立面让人不得不联想到风格派中另一个著名绘画作品了，即《红、黄、蓝的构图》，它是蒙德里安的著名作品，图画是由直线和红、黄、蓝三种颜色组成的。这幅图中存在很多比例关系，虽然里面的比例已经很难去一一探究明白，但是参考这些比例之间的连接和搭配，也能够提供很多设计思路。

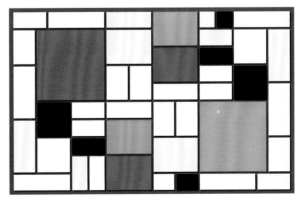

△《红、黄、蓝的构图》

第二章 比例设计技巧

177

### ■《红、黄、蓝的构图》在建筑中的应用

《红、黄、蓝的构图》激发了很多的设计灵感，无论是建筑设计师、室内设计师、家具设计师还是平面设计师都设计出许多作品。比较典型的有海牙市政厅、Vasily Klyukin别墅等，其建筑立面上有强烈的画作既视感。

海牙市政厅为致敬蒙德里安，给建筑外墙重新涂刷了颜料，形成了马赛克的感觉，给主体通白的单调建筑增加了色彩。

Vasily Klyukin把抽象画作运用到住宅建筑上，建筑本身高低错落的特性巧妙地将这幅世界名画变成了一个立体的艺术品。

除此之外，Vasily Klyukin还利用魔方和《红、黄、蓝的构图》两者奇妙的共同性，围绕着一个中轴线，将五个高低不一的矩形顺着轴线交错倾斜出不同的角度，仿佛一个正在扭转的魔方，加入蒙德里安红、黄、蓝三原色以及格子线的特点，增加了建筑的前卫感。

△ 海牙市政厅

△ Vasily Klyukin 别墅

△ VILLA SUPRARTA

## ■《红、黄、蓝的构图》在室内空间中的应用

在室内空间中也常引入蒙德里安画作元素，使得室内空间更加具有特点。墙面和书桌两者通过画作连接起来，形成整体的墙面结构和图案。

△ 彩色的点缀使得空间更加具有特点和个性

## ■《红、黄、蓝的构图》在家具中的应用

除此之外，《红、黄、蓝的构图》在家具上的应用也十分广泛，如本就格子化的柜体很适合采用画作的形式，点缀的形式让家具更能融合在室内空间中。再比如台灯也可以沿用画作的一部分，底座部分采用镂空的形式，呈现出新奇而又特别的造型。

△简单的边柜确保收纳空间，同时多样的色彩和家具配合更加和谐、统一

△ 提取画作的一部分应用在台灯上，让台灯更具特色

# 8. 日本湘南基督教堂

日本湘南基督教堂坐落在住宅区内，周围全是低层建筑，为了融入其中，将教堂设计成一个单层的建筑体量。教堂拥有独特的曲面屋顶，六个不同高度的曲面屋顶不仅创造出一个祷告和礼拜的空间，更将光线引入室内。在圣经中，万能的主用了六天来创造万物，因此建筑的六个曲面也带有着浓厚的宗教意义。

　　要做六个不同高度的曲面造型，则需要对这个高度和曲面的大小进行推敲。为了确保教堂室内空间处于一种柔和的光环境之中，曲面屋顶的高度经过了精密的计算，避免直射的光照射入建筑中。而这六个曲面则是由六个不同大小的圆相切组成的，乍一看六个圆好像毫无联系，但其实，屋顶左侧的三个圆的圆心在同一条直线上，半径由内向外依次变大，每个圆的半径都是上一个圆的 1.5 倍，符合等比数列的原则。同时，最右侧的三个圆也是呈现出以 2 为倍数的等比数列的关系。设计师通过等比数列的数理关系使建筑屋顶的部分呈现出美观的韵律感。

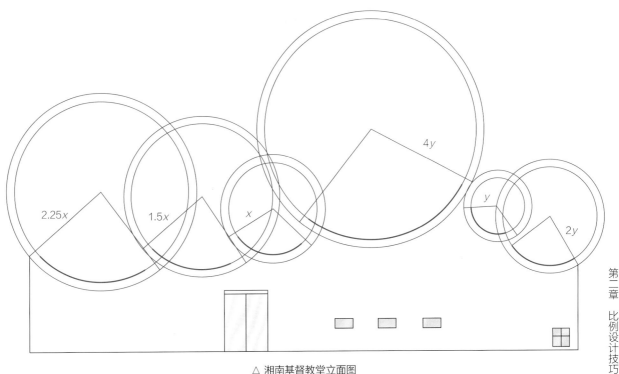

△ 湘南基督教堂立面图

## ■ 等比数列在现代建筑中的应用

　　等比数列还可以直接运用在建筑立面上，位于宜兰头城乌石港的民宿就有所应用。民宿被设计师命名为石光点之家，采用黑色洗石子作为造型材料主调性，和乌石港周边黑色礁岩的环境色相呼应。同时为呼应海岸的意象，选择大大小小的圆洞作为呼应。在建筑上开满圆洞，除了可以提供通风与采光外，到了夜晚也成为如满天星空的夜间灯光，就像是引导着旅人归途的海上明灯。这些大大小小的圆洞则呈现出等比数列的关系，将它们乱序摆放，让立面表现出随机又带秩序感的效果。

　　黑墙圆洞在白天时让日光射入室内，犹如白色气泡在室内游移；夜晚时，室内的黄光从圆洞散出，整栋建筑白天和夜晚分别展现出不同的建筑氛围。

△ 石光点之家

△ 上海金茂大厦

## ■ 等差数列在现代建筑中的应用

除了等比数列外，还有很多数列被广泛应用在建筑、室内空间中。如上海的金茂大厦，其建筑主体高塔部分每层平面均为正方形，但是自下而上逐渐收窄，立面形成了具有渐变韵律的抛物线，其自下而上的收窄分组是按照等差数列关系逐级递减的。其中下部分的 13 层采用的是同样大小的平面，从第 14 层开始，往上数 12 层，则是另一组的相同平面，再上 11 层平面相同，依次类推，越往上平面越小，每组之间呈现等差数列的关系。

位于罗东的 HIVE HOTEL 原是当地的老字号假日大饭店，设计师通过外墙重整，为这栋 50 年的老建筑注入全新的活力。基于城镇的民情，不适合做特别亮眼或者鲜艳的颜色，因此选用传统红砖作为立面材料。正立面的两道红砖墙排列出立体波纹，曲面随着距离远近产生独特的视觉效果。同时保留两侧的原始建材，灰和红相衬，尤其是造型圆润的泥作雨遮，延续老饭店的复古元素，下缘添上一道砖红，呼应正立面的砖墙质感。

△ HIVE HOTEL

　　为了取得波纹效果，制作前，设计师利用数字演算设计，施工前预先制作了1∶1的试验墙，仔细检验设计与工法。由于每一块砖的长度、排列位置各异，大致呈现出等差数列的关系，须先以激光切割做出版型，才能精准控制曲面的堆砌，让红砖产生动态感。红砖墙内用金属植筋作为支撑，外挂在原建筑物的水泥墙上，让大面积的砖墙具有防震效果。

### ■ 其他数列在室内空间中的应用

　　不仅等比、等差数列，还有很多数列形式，它们都可以营造出渐变韵律，使得单调的墙面更加丰富且具有韵律感。可以先根据数列确定出一组数据，然后可以采用顺序排布或者无序排布的方式去排列组合这些数据，可以做单层，也可以做上下多层的形式。对于多层，还可以采取错缝的方式，让墙面更加丰富。

△ 多个尺寸且形成等比关系的板材以凹凸的方式呈现在背景墙上，给墙面增加立体感的同时还使墙面更加丰富

△多层砖材的排列采取错缝的方式，使得墙面更加具有纹理感

# 9. 布鲁塞尔市政厅

布鲁塞尔市政厅是一座典型的古代弗兰德哥特式建筑，造型宏伟，空灵高耸，引人注目。它的大厅不在正中，厅塔也偏向一方，这是由于整个建筑分别建于3个不同时期造成的。

## 非对称均衡

从立面上看，右侧的低矮建筑明显比左侧要短，但是高耸的厅塔却弥补了这块的短缺，最终形成了体量相对平衡的效果。

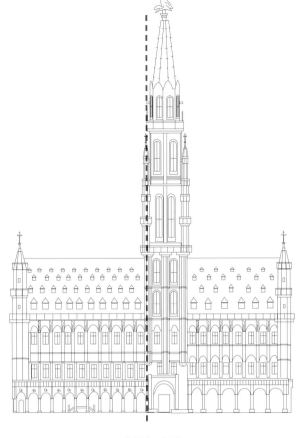

△ 体量相对平衡

### ■ 非对称均衡在近代建筑的应用

俄罗斯阿维利亚宫从 17 世纪起开始修建，整个设计建造过程分多次进行，持续近一个世纪，建筑形式在各个时期反复变更。因此，无论是平面还是立面都有着各个时期建筑的特点，这也导致了整个建筑在平面和立面上均失去了预想的对称关系，为了营造美感，因此设计出非对称的平衡感。

阿维利亚宫在平面上可看作两个建筑，是通过连廊进行连接的，其构图具有均衡和谐的效果，东西两部分沿同一假定轴线位置在柱廊上将建筑一分为二，可以发现，该建筑东西两部分的平面面积基本相同，达到体量均衡的效果。

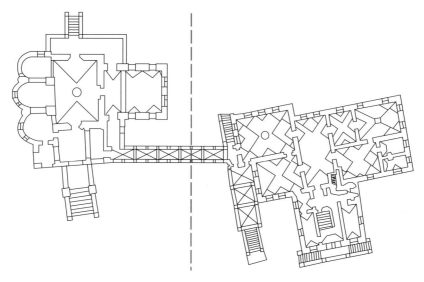

△ 阿维利亚宫的平面均衡

　　阿维利亚宫在立面上是尤为不对称的，西侧高耸的宫殿部分屋顶是典型的东正教穹顶，东侧宫殿则采用坡屋顶形式，建筑较西侧宫殿略显低矮，但东西部分体量相当，因此按视觉心理的假定轴线划分建筑立面整体显得很均衡。再单看一下东侧宫殿，宫殿立面以入口中心线为视觉假定轴线，建筑左右两部分体量差异明显，但两部分的主体部分门窗数量相同，因此也达到一定的均衡效果。但从视觉上看，数量相同或相似产生的均衡效果并不明显。

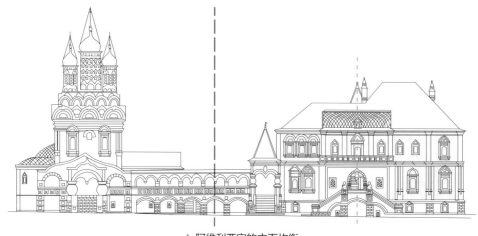

△ 阿维利亚宫的立面均衡

### ■ 非对称均衡在现代建筑中的应用

北京数字大厦建筑外立面整体采用封闭的
实墙，墙体表面开了若干纵向的折线玻璃窗，
这些折线玻璃窗在墙面底色的映衬下成为完整
的图形，这个图形与电路板中的线有着相似之
处，很容易让人联想到电路，给人以信息时代
的美学视觉感受。这些线路形态和间距都不同，
但是线条间距有粗有细，两侧的线条数量虽然
不完全相同，没有达到数量均衡，但通过线条
疏密的有序排列，让图案错落有致，达到了质
量平衡的状态。

△ 北京数字大厦

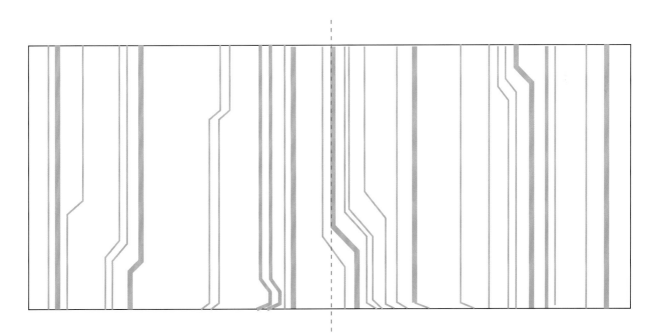

△ 北京数字大厦中的非对称均衡

## ■ 非对称均衡在室内空间中的应用

在室内空间中，可以以左右、上下、三角形、轻重、大小、中心等对称或不对称构图，为空间带来稳定感和均衡感。

△ 装饰柜上悬挂的单头圆球吊灯均衡了装饰画与摆件带来的失重感，使陈列区域变得更为协调

设计中的比例密码：建筑与室内设计

△ 直角三角形的构图也能够给空间带来稳定感

△ 阵列构图实际就是从体积上让左右两侧达到均衡的状态

# 10. 埃弗森 美术博物馆

埃弗森美术博物馆是由著名建筑师贝聿铭设计的，它是一组封闭的建筑，在不受任何项目要求的制约下，博物馆的设计更加单纯，体量也更大。博物馆有四个巨大的悬臂体块，立面上几乎没有开窗，是由清一色的竖纹石料集合而成的。四个体块纯正简洁，几乎没有装饰，其造型效果完全依赖于体块设计，这更加考验设计师的能力，而一些和谐的比例关系，才能让其造型更加优美。

# 11：10

正立面中有三个体块，这三个体块可简单看作矩形，矩形的长宽比均为 11：10，约等于正方形。若只是单纯的体块堆砌并不能达到好的设计效果，设计师还在其中加入一些局部的小矩形做镂空的效果，用来丰富建筑造型。若将建筑正立面的体块从左至右分别标序为 1、2、3，这三个体块互为相似形，符合相似重复律。体块 1 下部悬空的矩形与 11：10 矩形的对角线 *AB* 相垂直，同时体块 2 的对角线 *CD* 也与 *AB* 呈垂直的关系，*CD* 又与体块 3 的对角线 *EF* 垂直，也就是说 *AB* 平行于 *EF*，三个体块间存在着相似形变换的关系。与此同时体块 3 镂空部分的对角线 *MN* 与 *EF* 垂直，而体块 2 中凸出部分所形成的横向与对角线 *CD* 相交于 *H* 点，而 *GH* 也与 *CD* 垂直。整个建筑内含微妙的默契，比例设计精妙，搭配得恰到好处，有时候很多建筑都不需要过多的比例，合适才最为重要。

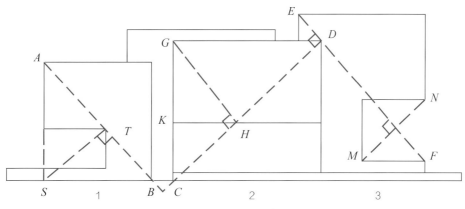

△ 埃弗森美术博物馆正立面分析

## ■ 11：10 在室内空间中的应用

11：10 是一个几近于正方形的比例，所以在运用上其实是比较广泛的。可以在长条的空间中留出 11：10 的空白区域做成留白，让空间在感觉上更加开阔，减少拥挤感。

▷ 黑白色系可以说是最不容易出错的选择，搭配留白更能使得空间宽阔

# 11. 故宫

故宫是中国明清两代的皇家宫殿，位于北京中轴线的中心，有大小宫殿七十多座，房屋九千余间。故宫又称紫禁城，因古代讲究"天人合一"的规划理念，用天上的星辰与都城规划相对应，以此突出政权的合法性和皇权的至高性。故宫整体采用中轴对称的方式建造，而且其中蕴含了很多比例关系，其中很多数字都与古人习惯和文化有关，这也让很多古建筑更加熠熠生辉。

# 1 11：6

为研究故宫中的多个建筑，研究人员曾实地测量过多个院落的尺寸，惊讶地发现其长宽比例均为 11：6，可以看到后两宫（乾清宫、坤宁宫）组成的院落，南北长 218m，东西宽 118m，长宽比为 11：6，而前三殿（太和殿、中和殿、保和殿）组成的院落，南北长 437m，东西宽 234m，东西六宫的南北长 216m，东西宽 119m，长宽比依然是 11：6，这就是隐藏在故宫中的比例关系，让故宫的布局更加规整也符合当时的形制规定。

经推测，紫禁城中各宫院均以后两宫的长宽数、面积数为基准，成比例进行规划，以此来体现一姓皇权、唯我独尊的观念。

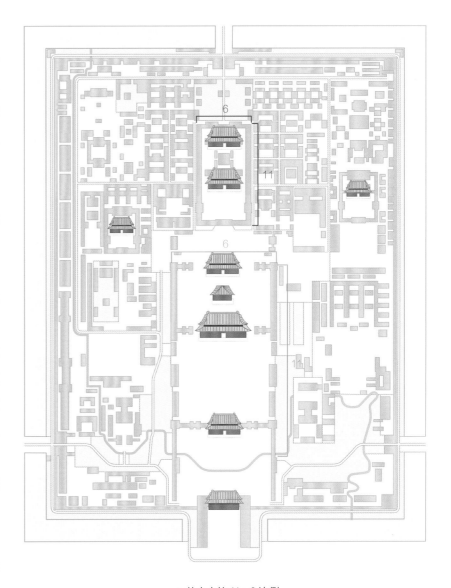

△ 故宫中的 11：6 比例

## 2 9 : 5

　　九五之尊在古代经常被用来形容地位最高的帝王，9 和 5 两个数字被赋予特殊的含义，众多的建筑都是面阔九间，进深五间，也就是其长宽比为 9 : 5，例如故宫中的太和殿。而且太和殿、中和殿、保和殿共同具有的土字形大台基，其南北长 232m，东西宽 130m，两者的比例也刚好为 9 : 5。同时天安门城楼的构造也符合面阔九间，进深五间的长宽比。可以说在这个宫殿里面，数字 9 和 5 无处不在，每一处都在彰显着皇权的至尊无上。

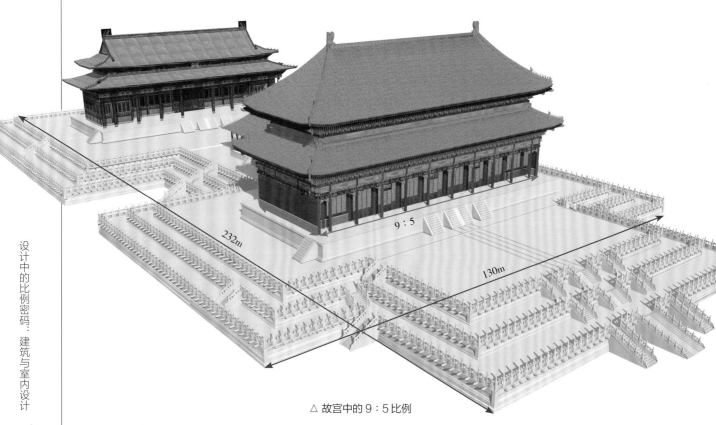

△ 故宫中的 9 : 5 比例

## ■ 11：6 和 9：5 在室内空间中的应用

不论是 11：6 还是 9：5 的比例，其实都是一个几近于黄金分割比的比例，可以说把无理数的黄金分割比以有理数的比例呈现了出来，这可能就是古人对美的一致感受吧。室内设计中使用黄金分割比的情况也不比建筑中少。如在一些室内墙面中，把原有的墙面分割出一个黄金分割矩形，如此达到美观的效果。这种方式既简单，又能快速看出效果，还不会使墙面装饰物过多，从而保持空间的调性，是很便捷的设计手法。

△ 全屋定制整面柜体的分割依照着规律进行分隔，有空格，也有柜门，有凸起，也有凹进去的位置，错落有致

△ 开放格位于黄金分割线的位置上，让整面柜体的排布更加有序

# 12. 佛光寺东大殿

佛光寺位于山西省五台山，相传建于公元471~499年，曾被破坏，后于公元857年修复。其中的东大殿则是典型的唐代木构建筑，其建筑雄伟壮观，尤其是斗拱的部分，十分雄大，形成了动感极强的腾空欲飞的气势，展现出唐代建筑端庄、稳重、古朴的风格。

# 1 √7 矩形

　　东大殿面宽七间，进深四间，其外轮廓的宽高比为√7：1，对于一座七开间的建筑，这种布局与平方根矩形等分律相一致。7 的最佳分隔方式是平分七份，此殿正是如此，因此满足了平方根等分律，其中每个等分后的矩形也为√7：1。而其檐口则设计在建筑 1/2 的位置，那么，檐口以下的位置则又能分成两个 √7 矩形，整个建筑当中共有 14 个 √7 矩形。

　　而且在被七等分所得的矩形中，其对角线与最大的 √7 矩形的对角线呈现垂直的关系，这种规整有序的设计，必定是遵循了成熟的制式和模数进行设计与建造的，也更加反映了中国建筑文化的深邃。

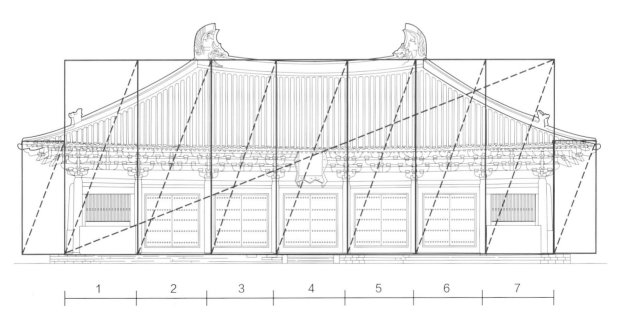

|  | 1 | 2 | 3 | 4 | 5 | 6 | 7 |

△ 佛光寺东大殿的 √7 矩形

### ■ √7 矩形在现代建筑中的应用

在高耸入云的现代建筑中，√7 矩形显得有些窄长了，因此在运用的时候都会在其比例的基础上进行一定的增补，让比例关系更加协调，让整个建筑也更加和谐、完整。在很多具有 √7 矩形的建筑立面中都会采取窄缝分隔法的方式去丰富造型。在下图的造型案例中，出现了大大小小多个矩形，其中 AG、MQ、HK、SQ 这几条线做对角线的矩形都是 √7 矩形，其余还有很多是相似的 √7 矩形，整体秩序明确而含蓄。在构图上，通过在实墙上增加玻璃的方式利用窄缝分隔法，窄长的窗户将大面积的实墙分隔成多个部分，同时产生这些矩形，整体构图复杂但规整。

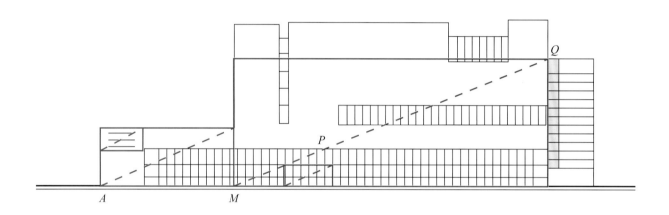

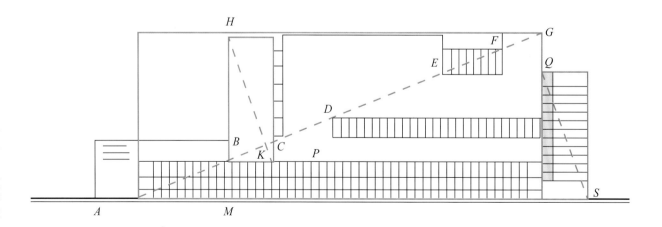

△ 建筑中的 √7 矩形以及窄缝分隔法的运用

日本的姬路药房，位于该地区一个主道路上，外观完全光滑，棱角分明。白色为主色调，整个墙面背景设置了一个黑色的十字架，整体空间简洁干净，让人不由自主就平静下来。前面有供人休息的桌椅，落地玻璃墙面让整个空间可以尽情享受日光的照射，到了夜晚，室内的灯光亮起来，也带来前所未有的安宁。建筑物本没有感情，通过各种巧妙用心的设计技巧，让冷冰冰的建筑瞬间有了温度，整个建筑被设计为一个大的 $\sqrt{7}$ 矩形，中间玻璃每个都是黄金分割矩形，两者的存在互不干扰，但又和谐美观。

△ 日本姬路药房

### ■ $\sqrt{7}$ 矩形在室内空间中的应用

在室内空间中，采用窄缝分隔法也是十分常见的，通过窄缝来破除 $\sqrt{7}$ 矩形的窄长的窗户，将大面积的实墙分隔成了很多个部分，同时产生这些矩形，整体构图简单又丰富。

▷ 简单的分割方式才更加适合高级感的空间，适当的留白能够给人更多空间的遐想

在实际测量东大殿的各种尺寸之后，发现其在平、立、剖面设计，甚至塑像陈设上都运用了 $\sqrt{2}$ 的构图比例关系。$\sqrt{2}$：1 是中国古代建筑中运用最广泛的构图比例之一。$\sqrt{2}$ 为无理数，但古人并不一定知晓此概念，所以在运用方圆作图产生的比例时，常常以整数比近似值取代之，最典型的 $\sqrt{2}$ 就是用"方五斜七"或者"方七斜十"这种广为流传的口诀来表示，意思是正方形的边长为 5，则对角线长约为 7；边长为 7，则对角线长约为 10。7：5=1.4，10：7 ≈ 1.4286，两者的平均值为 1.4143，与 $\sqrt{2}$ 极为接近。

在东大殿的正立面中，若以 1.008m 为单位建立正立面模数网格，则中央面阔均为 5 格，台基总宽度 40 格，立面总高 14 格，由此可见，总高：台基总宽 =14：40 ≈ 1：$2\sqrt{2}$，明间面阔：总高 =5：14 ≈ 1：$2\sqrt{2}$，明间面阔：台基总宽 =1：8。

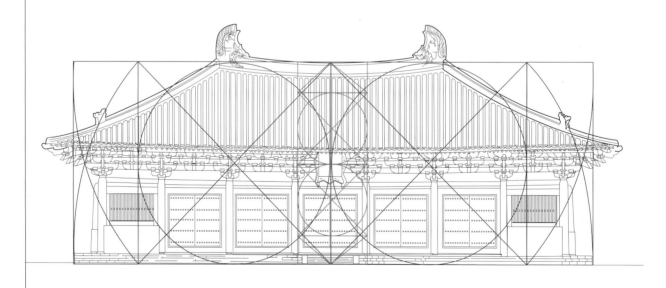

△ 东大殿正立面中的 $\sqrt{2}$ 矩形

## ■ √2 矩形在古建筑中的应用

√2 矩形除了在中国古建筑当中有所应用外，在西方建筑中也有过体现，如安德烈·帕拉迪奥设计的圆厅别墅。帕拉迪奥被认为是历史上第一位真正意义上的建筑师，他最著名的作品就是位于维琴察的圆厅别墅。圆厅别墅的高度是其平面长度与宽度的等差中项或者调和中项，比如宽：高：长 =6：8：12 或者 6：9：12，近似于这两个值。而在平面图中他将房间的形状用标准的几何图形进行了布局，使用了圆形、正方形、√2 矩形、3：4 矩形、2：3 矩形、3：5 矩形和2：1 矩形，各个空间均采用了这几个比例。

△ 圆厅别墅

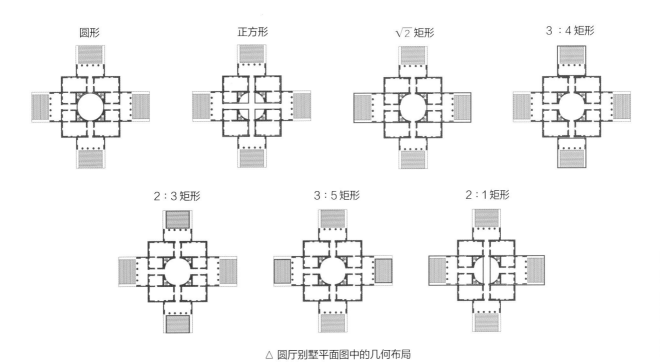

△ 圆厅别墅平面图中的几何布局

# 3 $\sqrt{3}:2$

$\sqrt{3}:2$ 构图比例的运用使得中国古建筑中大量庭院或者室内空间取得了观看主体建筑或者主要宗教造像的 60° 视角,有一览无遗、一目了然的视觉效果。经过实测,大殿的各间进深:中央五间面阔 =7:8 ≈ $\sqrt{3}:2$,中央三间的总面阔:前三间总进深 =7:8 ≈ $\sqrt{3}:2$,这种比例设计强调了视觉中心。

大殿面阔方向的中央三间、进深方向的前三间构成了一个近似 $\sqrt{3}:2$ 的矩形,若由中央大门内侧中点绘制 59° 视线,则恰好经过两根内柱,包括中央三佛像。这个视线角度是人眼的舒适视野,这样极为精确的视线控制,让站在主入口的人可以通过两内柱形成的框景看到完整的三尊主佛像,这就呼应了佛殿的主要功能之一,即瞻仰佛像的功能。

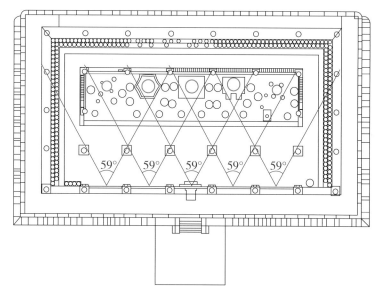

△ 东大殿面阔分析

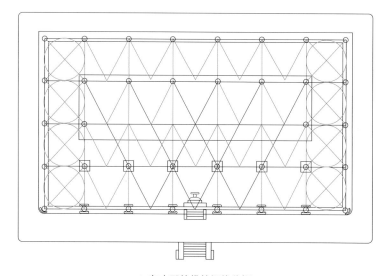

△ 东大殿礼佛的视线分析

## ■ $\sqrt{3}$ ：2 在现代建筑中的应用

$\sqrt{3}$ ：2 的比例有点接近正方形，十分实用。除此之外，$\sqrt{3}$ ：1 也是建筑设计中常见的比例关系，比如深圳的凤凰卫视大厦就有所使用。该建筑造型优美，整体的轮廓只是方正的长方形，但是比例关系的设计让局部细腻雅致，形状与比例搭配得恰到好处，使得立面看起来更加明快。

建筑所使用的主要就是比例为 $\sqrt{3}$ ：1 的矩形（即 $\sqrt{3}$ 矩形），尤其是在最大的矩形上，使用外分矩形的方式，控制主体的虚实组合，柱廊的外轮廓是 $\sqrt{3}$ 矩形，柱廊以上的立面外观随形就势，也采用 $\sqrt{3}$ ：1 的比例。同时立面上还频繁使用 6：1 的矩形比例，最明显的就是最右侧副楼上，其高厚比为 6：1。同时，主入口柱廊的柱高与柱距之比也用了同一比值，柱高：柱距 =6：1。柱廊左侧的垂直体部从底到顶也设计成同一比例，以便与柱廊以及右侧副楼的端墙相呼应。此外，主楼和副楼之间的空间以及空间的比例在此依旧没有变化，仍然是 6：1。整个建筑井然有序，形成了大度、典雅的风范。

△ 凤凰卫视大厦背立面图

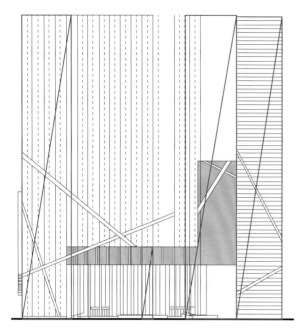

△ 凤凰卫视大厦正立面中的 6：1 矩形

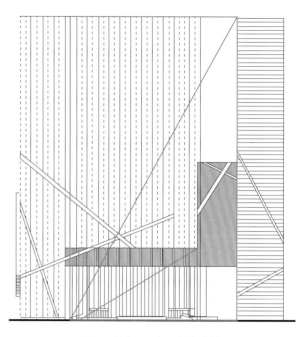

△ 凤凰卫视大厦正立面中的 $\sqrt{3}$ 矩形

△ 凤凰卫视大厦正立面

若整面造型完全平整，那么紧靠比例设计难免会显得单调，因此设计师在此基础上选用了部分有凹凸造型及打孔图案的金属墙板，突破大厦过显正规的形态，表现出开放、活跃的态度，这也是公共媒体特有的活跃与动势。而且大厦表面上的斜线是建立在有规律的比例基础之上的，十分自由奔放，因而其张弛得体，静中有动。外墙选用材料的质地、色泽、尺寸规格与组合无不配合比例的规律，使大厦的造型颇具活力但不杂乱。

## ■ $\sqrt{3}$ : 2 在室内空间中的应用

　　这种比例的关系也被运用在形体的长和高上，在室内空间中塑造形体的时候，可以采用 $\sqrt{3}$ : 1 的比例针对墙面造型、柜体造型进行设计。做背景墙设计时，可以选择两种不同的材料进行设计，因而需要考虑两种材料各自的范围和位置，其中大理石板和硬包设计成嵌套的形式，大理石板的长宽也按照 $\sqrt{3}$ : 1 的比例进行切割和安装。

△ 整个餐厅背景墙呈现出 $\sqrt{3}$ 矩形，均分成三份后，遵循根号矩形定律，三个均为 $\sqrt{3}$ 矩形

△ 客厅背景墙中坚硬的大理石板及柔和的硬包形成了对比，给空间增加了矛盾感，更加有层次

# 13. 佛宫寺木塔

山西应县佛宫寺木塔，又名释迦塔，距今已有九百余年的历史，是国内外现存最古老、最高大的木结构建筑。木塔采用中国传统的纯木质榫卯结构进行搭建，在整个过程中，没有使用过一个铁钉。其平面呈现八角形，顶部为八角攒尖式，共有六层，各层间夹设防震平座暗层，故实为六檐九层。木塔的形态呈现出了很多比例关系，比如正立面的总高：首层通面阔 ≈ $2\sqrt{2}:1$ 等，可以说设计极其精妙。

　　从木塔的平面图上来看，首层内筒的内径：外筒内径：方形台基的边长 =1：2.03：3.97 ≈ 1：2：4，而上层八角形台基总宽：首层通面阔 =1.5218 ≈ 3：2，这样的大小关系比较舒适，而且台基和塔的距离也可容纳很多人，方便人的进出。

△ 佛宫寺木塔平面图

## ■ 3∶2 在现代建筑中的应用

　　3∶2 的比例在设计中十分常见，这种比例为整数比，稳定且容易实现。埃罗·沙里宁在为汽车公司设计实验车间的时候就曾应用到这个比例。建筑整体上被分为三大块，除了中央为玻璃墙外，其余两侧都为实体墙。

　　左右两侧的实体墙部分为两个 3∶2 矩形，而中央玻璃墙的区域则形成一个 2∶1 矩形，且横向上被分为 8 份，竖向上被分为 2 份，进行了十字内分，共有 16 块玻璃门窗，每扇门窗的矩形也都呈现出了 2∶1 的比例关系，和大矩形一起都为相似形。在这 16 块玻璃中也有大大小小的矩形是呈现出 3∶2 比例的。

　　整个正立面在横向上可以分为 10 等份，其中左右两侧分别分成 3 份，组成 10 个矩形，这 10 个矩形都是 2∶1 的比例关系，而且每个玻璃门窗也是 2∶1 矩形，这就使得正立面穿插着两种矩形比例，整个立面的矩形都是由这两种比例组成的。

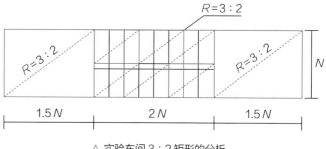

△ 实验车间 3∶2 矩形的分析

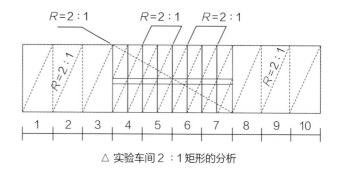

△ 实验车间 2∶1 矩形的分析

▽ 通用汽车公司研究实验车间

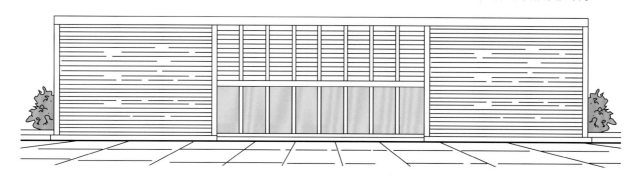

## ■ 3∶2 在室内空间中的应用

　　3∶2 矩形也属于较易识别的类型，该比例形成的矩形既不会过于窄长，也不会过于高大，整体比较均衡。在矩形的内部可以根据功能的需要做凹龛，如客厅可能会需要放置电视机的位置，装饰的位置等，横向或者方形的凹龛更为合适。而一些书房或者侧面墙体则更需要的是收纳功能，一些整面定制柜会更为合适。

▷ 圆角矩形的凹龛与客厅中圆形地毯和茶几相呼应，减少空间的尖锐感

▷ 在墙体中做开放的两侧装饰柜，既有收纳功能，又避免墙面过于单调

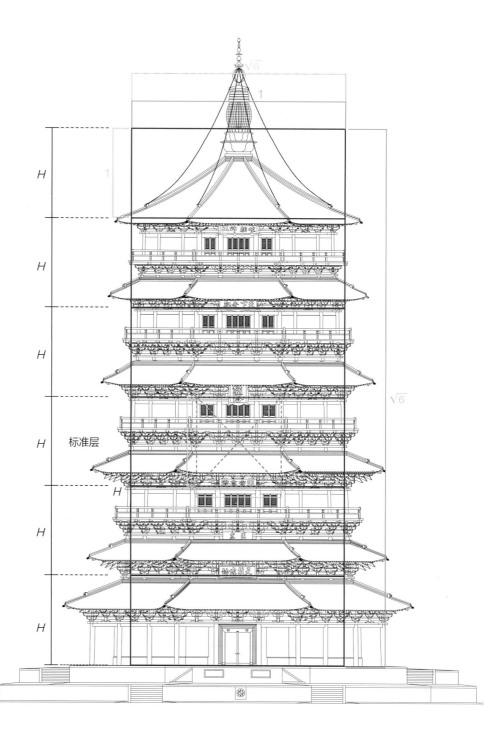

## 2 √6 ：1

木塔的各层高度相同，塔身各层的平面尺寸随高度的增加而递减，递减的距离相等，因此每个立面上各层塔身角柱的柱顶的连线呈直线。经过实测，可以推测该塔是以第三层作为标准模数层的，由此可以将木塔概括为一个矩形，其高长比为 √6 ：1，再以每层结构高度相同的原理，均分这个矩形，得到的 6 个小矩形，其比率也为√6 ：1，符合平方根矩形等分律的规律。由此可见其木塔在设计之初，很有可能就是遵循这个匀称的规律设计的，其水平分隔和竖向体形上搭配得十分精准，一气呵成。

▷ 佛宫寺木塔正立面分析图

## ■ $\sqrt{6}$ ：1 在现代建筑中的应用

在现代建筑中 $\sqrt{6}$ ：1 的比例运用更加灵活了，在一些建筑的局部位置有所使用，比如北京联想园的办公楼。整个办公楼采用大面积的玻璃幕墙，其玻璃幕墙的比例分隔设计颇为精细，细部尺寸完全符合根号矩形等分律和相似变换律。建筑柱网的开间间距为 9000mm，层高为 3900mm，层与层之间在立面上有金属饰面带，其束带高度为 226mm。玻璃幕墙高度为 3674mm，其比率为 9000：3674，也就是 $\sqrt{6}$ 。

△ 办公楼造型

放大重复的一个单元，减掉金属带，所得到的为一个 $\sqrt{6}$ ：1 矩形，同时可以发现其矩形在竖向上被六等分，六个矩形的比例依旧是 $\sqrt{6}$ ：1。六个矩形又被两条横线分隔，形成了矩形 AG 和矩形 CG，同样也为 $\sqrt{6}$ 矩形。此外，主玻璃面的比率为 3：2，与矩形 HB 的比率相同，呈现出相似变换的规律。

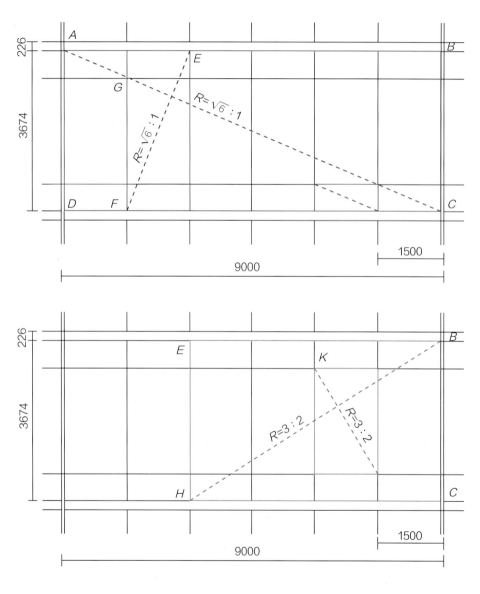